AF467828

FACULTÉ DE MÉDECINE DE PARIS.

CHIMIE ORGANIQUE

PRINCIPES DE LA CLASSIFICATION DES SUBSTANCES ORGANIQUES

PAR

A. EDME BOURGOIN,

Docteur ès-Sciences,
Professeur agrégé à l'Ecole Supérieure de Pharmacie,
et à la Faculté de Médecine de Paris.
Pharmacien en chef de l'hôpital des Enfants-Malades, etc.

PARIS
LIBRAIRIE J.-B. BAILLIERE ET FILS
Rue Hautefeuille, 19, près le boulevard Saint-Germain

1876

PRINCIPES

DE LA CLASSIFICATION

DES SUBSTANCES ORGANIQUES

FACULTÉ DE MÉDECINE DE PARIS.

CHIMIE ORGANIQUE

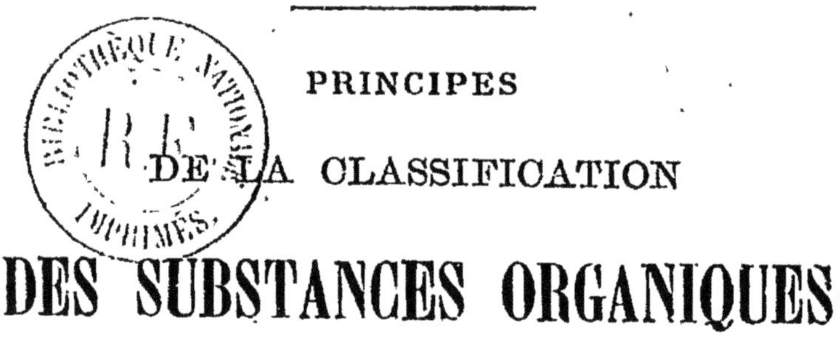

PRINCIPES

DE LA CLASSIFICATION

DES SUBSTANCES ORGANIQUES

PAR

A. EDME BOURGOIN,
Docteur ès-Sciences,
Professeur agrégé à l'Ecole Supérieure de Pharmacie,
et à la Faculté de Médecine de Paris,
Pharmacien en chef de l'hôpital des Enfants-Malades, etc.

PARIS
LIBRAIRIE J.-B. BAILLIERE ET FILS
Rue Hautefeuille, 19, près le boulevard Saint-Germain

1876

PRINCIPES DE LA CLASSIFICATION

DES

SUBSTANCES ORGANIQUES

INTRODUCTION. — DIVISION DU SUJET.

Il y a maintenant un siècle que Lavoisier posa les bases de la chimie moderne. A cette époque, une profonde obscurité régnait sur la nature des composés organiques. A la vérité, des tentatives sérieuses avaient déjà été faites pour nous éclairer sur cette question par des chimistes français. C'est ainsi que l'Académie des Sciences, qui date de 1666, avait créé, peu de temps après sa fondation, un laboratoire de chimie, à la tête duquel elle avait placé les docteurs Duclos, Borel, Bourdelin et Dodart.

Ces savants cherchèrent d'abord à concilier les différents systèmes qui avaient été émis sur la nature des choses : péripatétiques, spagyriques, cartésiens, corpusculaires, becchériens, etc. Mais ce qui marque réellement le caractère de cette association, c'est que beaucoup d'expériences furent faites pour essayer de déterminer la nature des substances organiques. On reconnut, non sans étonnement, que ces dernières donnaient toutes à la distillation des produits très-analogues ; dans la cornue, un caput mortuum, sorte de résidu noirâtre, de nature charbonneuse ; dans le récipient, de l'eau, des matières empyreumatiques, auxquelles s'ajoutaient parfois des matières ammoniacales, notamment du carbonate d'ammoniaque.

Comme résultat général de ces travaux, et spécialement au point de vue qui va nous occuper, je signalerai : 1° une dissertation sur les principes des mixtes naturels, avec un essai de classification, par Duclos : 2° de nombreux mémoires pour servir à l'histoire chimique des plantes, par Dodart ; 3° les recherches sur le succin et sur le sel de succin, par Bourdelin.

L'erreur de ces savants fut de s'imaginer que les produits obtenus à la distillation préexistaient dans les matières soumises à l'action du feu, erreur qui eut cours dans la science jusqu'à Lavoisier. Aussi, ces recherches, bien qu'établissant pour la première fois une connexion entre les substances tirées du règne végétal et du règne animal, ne purent-elles conduire à la découverte d'aucun principe défini pour établir une classification satisfaisante. Il suffit, pour s'en convaincre, de citer les paroles suivantes :

« La recherche du principe des mixtes, dit Duclos, a depuis longtemps exercé les plus habiles physiciens. J'ai aussi tâché, en diverses manières, de m'en instruire. En travaillant à la résolution chimique des plantes, je me suis vainement occupé à réduire ces mixtes en quelques *matières simples*, qui pussent être réputées premières et passer pour principes. Le feu des fourneaux faisait séparer de toutes les plantes de l'eau, de l'huile, du sel et de la terre..... Le sel et l'huile étaient réductibles en eau et en terre, après avoir perdu leur inflammabilité..... Je n'ai pas été mieux instruit des principes des mixtes par la résolution des animaux (1). »

A la suite de toutes ces recherches, les chimistes de l'Académie admirent que les matières organiques étaient formées d'esprits, d'eaux, d'huiles, de sels fixes et volatils, enfin de matière terreuse.

Lavoisier, en introduisant dans la science la notion des corps simples, ou éléments, jeta une clarté subite au milieu de cette confusion ; et, à la même époque, Schéele découvrit un certain nombre de principes immédiats acides, au moyen d'une méthode tout à fait générale. Mais les découvertes de l'humble et illustre pharmacien suédois restèrent d'abord isolées, et les chimistes de la fin du XVIIIe siècle, entraînés par les idées spéculatives de Fourcroy, méconnurent l'importance de la méthode rationnelle qui venait d'être créée. En cela, comme en beaucoup d'autres choses, Schéele resta incompris : son heure n'était pas encore venue.

Il faut attribuer cet état de la chimie, ainsi que la confusion qui régnait dans les esprits, à l'absence

(1) Histoire de l'Académie des sciences, t. IV, 1699.

de toute notion exacte sur les principes immédiats. Ces notions ont été précisées par M. Chevreul, au début de sa carrière scientifique; dans ses admirables recherches sur les corps gras d'origine animale, le savant français a nettement établi les règles qu'il convient de suivre pour faire l'analyse immédiate des substances organiques.

L'analyse élémentaire, à son tour, fut d'un puissant secours pour différencier entre eux ces principes immédiats. Grâce aux persévérantes recherches de Gay-Lussac et Thénard, de Liébig et de Dumas, elle fut bientôt en état de fournir des résultats certains. Il fut définitivement démontré, ce qui avait été seulement soupçonné jusque-là, que les matières organiques sont formées d'un très-petit nombre d'éléments : le carbone et l'hydrogène pour les composés les plus simples ; le carbone, l'hydrogène et l'oxygène pour les matières ternaires ; enfin, ces trois éléments unis à l'azote dans les composés quaternaires. Le carbone, l'hydrogène, l'oxygène et l'azote, tels sont les quatre éléments fondamentaux des corps organiques. Ajoutons cependant que quelques-uns d'entre eux renferment du soufre, parfois même du phosphore. Ce n'est que par des artifices particuliers qu'on est parvenu à faire entrer dans leurs molécules les autres éléments, tels que les métaux et les halogènes. De là, l'introduction dans la science des types mécaniques de M. Dumas et des noyaux de Laurent.

Il y a une trentaine d'années, à la suite de ces

tentatives de classification, s'emparant de tous les faits connus à son époque et y ajoutant de son propre fond, Gerhardt, avec son puissant génie, proposa des formules rationnelles, après en avoir contesté l'utilité, disposa les corps en séries homologues et isologues, et cette idée féconde, on peut le dire sans exagération, est devenue l'une des bases les plus solides de la classification des matières organiques. A leur tour, les théories de Gerhardt, plus ou moins modifiées, ont servi de point de départ aux nouveaux types actuellement admis par les atomistes, à la tête desquels, en France, vient se placer M. Wurtz.

Gerhardt avait donc fondé ses systèmes de classification sur les phénomènes d'analyse, sur les décompositions graduelles éprouvées par les molécules complexes. On pensait à cette époque que la force vitale seule pouvait opérer par synthèse, reconstruire l'édifice détruit par les forces physiques et chimiques. C'était là une erreur : M. Berthelot a démontré que l'on pouvait renverser les termes du problème, prendre pour point de départ les éléments, former des composés binaires, c'est-à-dire des carbures d'hydrogène, puis transformer ceux-ci en composés ternaires, de manière à obtenir des composés organiques, identiques ou isomériques avec les composés naturels ; considérant, d'autre part, que ces derniers sont doués de fonctions plus ou moins analogues à celles que l'on observe en chimie minérale, M. Berthelot a rangé tous les composés organiques en huit grandes séries.

Comparer cette nouvelle classification à celle des atomistes, soumettre les deux systèmes à une critique approfondie, serait sans doute une étude intéressante ; mais mon rôle dans ce travail sera plus modeste : j'exposerai successivement les différents principes de classification, en suivant une marche historique, et je diviserai cette thèse en deux parties :

Dans la première, je développerai surtout les types de Gerhardt et les nouveaux types admis actuellement par les atomistes.

Dans la seconde, j'exposerai la classification des substances organiques d'après les fonctions chimiques, système de préférence adopté par mon illustre maître, M. Berthelot.

PREMIÈRE PARTIE

Historique.

CHAPITRE PREMIER.

PRINCIPES DE LA CLASSIFICATION DES SUBSTANCES ORGANIQUES AVANT GERHARDT.

Lavoisier a essayé, le premier, de donner une classification méthodique des matières organiques, dans son traité élémentaire de chimie. Il admet qu'il existe dans le règne organique des acides et des oxydes formés de carbone et d'hydrogène, quelquefois de phosphore, le tout combiné à une proportion plus ou moins considérable d'oxygène.

Pour lui, le sucre, les différentes espèces de gomme, l'amidon sont des oxydes végétaux : « Ces trois substances, dit-il, ont pour radical le carbone et l'hydrogène combinés ensemble, de manière à ne former qu'une seule base, et portés à l'état d'oxyde par une portion d'oxygène; ils ne diffèrent que par la proportion des principes qui constituent la base. On peut, de l'état d'oxyde, les faire passer à celui d'acide, en leur ajoutant une nouvelle quantité d'oxygène, et on forme ainsi, suivant le degré d'oxygénation et la proportion de l'hydrogène et du carbone, les différents acides végétaux (1). »

Dans la classification des acides, il admet les principes adoptés en chimie minérale, et il donne, d'après cette règle, la nomenclature des 13 acides alors connus :

L'acide Acéteux.	L'acide Pyroligneux.
— Acétique.	— Gallique.
— Tartareux.	— Benzoique.
— Pyrotartareux.	— Camphorique.
— Citrique.	— Succinique.
— Malique.	
— Pyromuqueux.	

Il fait remarquer, avec raison, que ces acides, « quoique formés de carbone, d'hydrogène et d'oxygène, ne contiennent, à proprement parler, ni eau, ni acide carbonique, ni huile, mais seulement les principes propres à les former. Chauffe-t-on ces corps au-delà d'un certain degré, l'équilibre qui unit les éléments est rompu : l'oxygène et l'hydrogène se réunissent pour former de l'eau, le carbone à l'oxygène pour donner naissance à de l'acide carbonique, tandis qu'une portion excédante de carbone reste ordinairement comme résidu. »

Comme on le voit par ces développements, Lavoisier se montre ici bien supérieur à ses devanciers, qui admettaient implicitement, dans la molécule, la préexistence des produits obtenus à la distillation. A la suite d'une étude détaillée sur la fermentation, il revient sur la même idée qu'il considère, avec la

(1) Traité élémentaire de chimie, 1re partie, chap. XI.

merveilleuse intuition dont il a donné tant de preuves, comme tout à fait fondamentale : « J'ai admis d'abord qu'il existait de l'eau toute formée dans le sucre, tandis que je suis persuadé aujourd'hui qu'il contient seulement les matériaux propres à la former. On conçoit qu'il a dû m'en coûter pour abandonner mes premières idées ; aussi, ce n'est qu'après plusieurs années de réflexion, et après une longue suite d'expériences et d'observations sur les végétaux, que je me suis déterminé à les abandonner (1). »

Enfin, Lavoisier admet également l'existence des acides et des oxydes dans le règne animal, les acides étant au nombre de six seulement :

L'acide Lactique.
— Saccho-lactique.
— Bombique.
— Formique.
— Sébacique.
— Prussique.

La chimie organique était trop peu avancée, au temps de Lavoisier, pour permettre une classification plus rigoureuse. On remarquera que les principes sur lesquels elle repose ne sont pas absolument dépourvus de justesse, un grand nombre de matières organiques convenablement oxydées donnant, en effet, naissance à de véritables acides organiques. Les chimistes qui suivirent immédiatement Lavoisier, ignorant encore les métamorphoses

(1) *Loc. cit.*

régulières des composés organiques, durent naturellement sérier les corps, d'après leurs caractères extérieurs les plus apparents, notamment d'après leurs caractères physiques et leurs propriétés organoleptiques. C'est précisément ce qui fut fait par Fourcroy, dont le brillant enseignement eut tant de retentissement à la fin du siècle dernier.

Conformément à ces idées, Fourcroy professe que les végétaux, indépendamment des substances minérales, renferment les vingt substances suivantes (1) :

1° *La sève*, liquide léger, fade ou salé, sucré ou aigrelet, comprenant par suite plusieurs espèces qui remplissent dans les plantes le rôle que le sang remplit dans les animaux.

2° *Le muqueux* ou le *mucilage*, substance visqueuse, fade, soluble dans l'eau, donnant de l'acide oxalique, par l'action de l'acide nitrique.

3° *Le sucre*, matière cristallisée, bien caractérisée par sa saveur agréable, existant dans presque toutes les plantes, passant à l'état d'alcool par la fermentation ; enfin, comprenant comme espèces : le sucre de canne, celui d'érable, le miel et la manne.

4° *L'albumine végétale*, se concrétant par la chaleur et par les acides, donnant de l'ammoniaque à la distillation et présentant beaucoup de propriétés des matières animales.

(1) Philosophie chimique ou vérités fondamentales de la chimie moderne, p. 366, 1806.

5° *Les acides végétaux*, corps formés d'un carbure d'hydrogène uni à l'oxygène, s'unissant aux bases salifiables et aux oxydes métalliques, pouvant être disposés en quatre classes, d'après la nature de leurs radicaux particuliers.

6° *L'extractif* ou *l'Extrait des pharmaciens*, retiré du suc des plantes, soluble dans l'eau, absorbant l'oxygène qui le colore et le rend insoluble.

7° *Le tannin*, qui existe dans tous les végétaux astringents, soluble dans l'eau et se combinant avec la gélatine, de manière à former un composé imputrescible.

8° *L'amidon*, matière insipide, caractérisée par son insolubilité dans l'eau froide, et par sa dissolubilité dans l'eau bouillante, avec laquelle elle forme une gelée par le refroidissement.

9° *Le glutineux* ou *matière végéto-animale*, substance retirée de la farine de froment lavée avec un filet d'eau, très-putrescible, donnant beaucoup d'ammoniaque à la distillation.

10° *La matière colorante*, substance végétale ayant une couleur plus ou moins vive, susceptible d'être appliquée en teinture.

11° *L'huile fixe*, primitivement nommée *huile grasse*. Elle existe dans les semences émulsives, s'unit aux alcalis qui la mettent dans l'état savonneux, s'épaissit par le contact de l'air en absorbant l'oxygène.

12° *La cire végétale*, qui n'est autre chose que la

précédente, saturée d'oxygène et épaissie par cette combinaison.

13° *L'huile volatile* ou *essence*, substance âcre odorante, volatile, se résinifiant à l'air.

14° *Le camphre*, corps concret, cristallisé, volatil, inflammable, soluble dans l'alcool et dans l'éther.

15° *La résine*, sorte d'huile volatile, épaissie par l'oxygène, insoluble dans l'eau, soluble dans l'alcool.

16° *La gomme résine*, suc concret, en partie soluble dans l'eau, avec laquelle il forme une sorte d'émulsion, plus soluble dans l'alcool que dans le vinaigre.

17° *Le baume*, qui est une résine unie à l'acide benzoïque ; donnant son acide par la chaleur ou par les alcalis.

18° *Le caoutchouc*, analogue à la gomme-résine, mais remarquable par la ductilité et l'élasticité qu'il conserve après sa dessiccation.

19° *Le ligneux* ou *bois*, formant la base solide de tous les végétaux, insoluble dans l'eau et donnant à la distillation de l'acide acétique empyreumatique.

20° *Le suber*, matière du liége ; corps léger, poreux, insoluble dans l'eau, fournissant un acide particulier par l'acide nitrique.

En examinant ensuite l'ensemble des matériaux qui composent le tissu des animaux, Fourcroy n'admet que trois genres principaux :

1° *L'albumine*, concrescible par la chaleur et par les alcalis, existant dans les liquides de l'économie, notamment dans le sang et dans la lymphe.

2° *La gélatine*, que l'on rencontre dans les organes blancs, insoluble dans l'eau froide, mais susceptible d'être dissoute par l'eau bouillante.

3° *La fibrine*, insoluble dans l'eau, soluble dans les acides, contenant de l'azote et constituant la masse de la chair musculaire, qu'on doit regarder comme le vrai réservoir de toute la fibrine contenue dans le sang (1).

Ce singulier tableau reflète fidèlement l'état de la chimie organique au temps de Fourcroy ; son imperfection ne doit pas être imputée aux savants, mais plutôt à la confusion qui règne dans toute science à ses débuts. Comment pourrait-il en être autrement, alors que toute notion précise sur l'espèce chimique faisait défaut ? Il est évident qu'en dehors de cette donnée fondamentale, tout principe sérieux de classification devenait impossible.

Aussi, pendant les vingt premières années de ce siècle, la définition et la recherche des principes immédiats, en tant qu'espèces chimiques distinctes fut-elle à l'ordre du jour. C'est ainsi que, dès l'année 1812, M. Chevreul démontre que l'extractif du pastel est un mélange d'un acide organique, d'une matière colorante jaune et d'une substance organique azotée ; que, de 1814 à 1817, la Société de pharma-

(1) *Loc. cit.*, p. 417.

cie de Paris affecte le prix Parmentier à la solution de cette question : l'extractif existe-t-il? Il fut ainsi démontré que l'extractif des pharmaciens est un mélange variable de plusieurs principes immédiats, plus ou moins altérés sous l'influence de l'air et de la chaleur.

Ce point acquis à la science, les découvertes se multiplièrent, et bientôt les chimistes furent en mesure de donner une classification moins défectueuse que celle de Fourcroy.

C'est ainsi que Gay-Lussac, dans son cours de chimie, professe que les composés organiques doivent être classés d'après les règles qui sont suivies en chimie minérale. Il n'admet que trois classes :

1° *Les acides* qui présentent les mêmes caractères que les acides minéraux ;

2° *Les bases végétales* qui sont de véritables alcalis ;

3° *Les corps neutres* ou *indifférents*, dont la composition est digne d'attention : « Ils contiennent de l'oxygène et de l'hydrogène dans les rapports qui forment l'eau. On les divise en quatre séries : en substances inflammables, ce qui comprend deux séries : corps gras et huiles volatiles ; en matières colorantes, en matières azotées, comme le gluten. Voilà les quatre divisions de ces corps neutres (1). »

Dans son traité de chimie, Thénard, quoique plus explicite, est aussi incomplet. Suivant la prédomi-

(1) Gay Lussac. Cours de chimie, t. II, 22e Leçon, p. 23, 1828.

nance de l'oxygène sur les éléments combustibles, le carbone et l'hydrogène, il établit sept groupes dans les termes suivants :

« De la propriété qu'ont les substances végétales d'être, les unes acides, d'autres neutres, d'autres huileuses, résineuses, alcooliques ou éthérées, résultent trois sections dans lesquelles ces substances pourraient se partager naturellement. Nous y en joindrons néanmoins quatre autres : la première comprendra les matières colorantes ; dans la seconde, nous placerons les substances dont l'existence est douteuse..., Dans les deux dernières, les substances azotées qui sont de véritables bases organiques et celles qui ne sont point alcalines (1). »

Ainsi, Gay-Lussac et Thénard s'en tenaient en réalité aux idées de Lavoisier touchant l'action acidifiante de l'oxygène. Mais cette manière de voir était implicitement contredite par la découverte des acides gras qui sont, comme chacun sait, si peu oxygénés ; et elle était en contradiction avec ce fait bien connu de Gay-Lussac que l'acide cyanhydrique ne renferme pas d'oxygène, ainsi que l'avait annoncé depuis longtemps Berthollet.

Un travail qui a exercé sur les progrès de la chimie organique une influence décisive et qui a fourni à cette science des principes nouveaux de classification, car il contient en germe la théorie des radicaux, est celui qui a été exécuté vers 1832 par

(1) Thénard. Traité de chimie, 4e édit., t. III, p. 561.

Liebig et Wöhler sur l'essence d'amandes amères. Dans une lettre adressée à Gay-Lussac (1), Liebig annonce que l'huile d'amandes amères doit être considérée comme une combinaison d'hydrogène avec le radical de l'acide benzoïque, que ce radical donne naissance à toute une série de composés avec les corps électro-négatifs, les halogènes, le cyanogène, le soufre, etc.

$C^{14} + H^{10} + O^{2}$.....	Benzoyle.
$C^{14} H^{10} O^{2} + Cl^{2}$.....	Chlorure de Bezoyle.
$C^{14} H^{10} O^{2} + Br^{2}$....	Bromure —
$C^{14} H^{10} O^{2} + I^{2}$.....	Iodure —
$C^{14} H^{10} O^{2} + Cy^{2}$....	Cyanure

« En jetant un regard d'ensemble sur ces relations, nous trouvons qu'elles se ramènent toutes à une seule combinaison qui, dans presque toutes celles où elle entre avec d'autres corps, conserve sa nature et sa composition. Cette fixité, cette conséquence dans les phénomènes, nous ont engagé à regarder ce composé comme un élément composé et à lui donner le nom de *benzoyle.*

« La formule 14 C + 10 H + 2 O est l'expression de sa composition » (2).

L'importance des radicaux organiques qui allaient bientôt prendre entre les mains de Gerhardt un si merveilleux développement, n'a pas échappé à Liebig qui a défini la chimie organique : la science des *radicaux composés.* Dans son grand traité de chimie appliquée aux arts, M. Dumas, tout en évi-

(1) *Annales de chimie et de physique,* t. 50 p. 334, 1832.
(2) Même recueil, t. 51, p. 305.

tant de formuler une classification précise, adopte au fond la sériation des corps d'après leurs fonctions chimiques.

Dans un chapitre intitulé : « Considérations générales sur la composition théorique des matières organiques » (1). il se contente de passer en revue les théories relatives aux amides, aux éthers, aux composés benzoiques et aux corps pyrogénés.

Il expose ensuite la théorie des substitutions qui lui avait été révélée en examinant avec soin l'action du chlore sur divers composés. Cette théorie, comme nous le verrons, a exercé une influence décisive sur les classifications modernes, car elle renferme en germe la théorie des types. M. Dumas, lui-même, l'appliqua bientôt à la conception *des types chimiques*, s'appliquant aux dérivés par substitution dont les propriétés fondamentales restent les mêmes que celles du corps primitif : tel est le cas de l'acide acétique et de l'acide trichloracétique. Les propriétés fondamentales sont-elles changées, les corps appartiendront au même *type mécanique*, d'après M. Regnault.

La découverte des phénomènes de substitution a eu un autre résultat fort important. Primitivement, M. Dumas avait pensé, qu'en chimie organique, comme en chimie minérale, les combinaisons s'effectuaient d'après la théorie Berzélienne du dualisme (2): mais il envisagea ensuite les composés

(1) Traité de chimie appliquée aux arts, T. V.; p. 72, 1835.
(2) *Loc. cit.*, p. 75.

chimiques d'une façon plus large et plus philosophique, en admettant que, dans la molécule, les atomes forment un tout dont les différentes parties sont liées entre elles, à la manière d'un système planétaire.

Il est également facile de voir que la théorie des substitutions a servi de point de départ à Laurent pour établir sa théorie des noyaux, ou mieux des radicaux dérivés, sur laquelle il s'est efforcé de baser tout un système de classification :

« J'appelle *radical fondamental*, dit-il, tout hydrogène carboné qui est capable de jouer le rôle que l'on attribue aux corps simples non métalliques.... Tout radical fondamental qui éprouve une substitution équivalente se change en un autre radical, que je nomme *dérivé*, et qui joue, comme le premier, le rôle d'un corps simple non métallique »(1).

Non-seulement Laurent a cherché à établir les principes d'une classification naturelle en partant des radicaux ainsi définis, mais il a essayé d'expliquer la constitution des corps organiques en admettant une prédisposition dans l'arrangement des atomes : « que l'on imagine un prisme droit à 16 pans, dont chaque base aurait, par conséquent, 16 angles solides et 16 arêtes ; plaçons à chaque angle une molécule de carbone, et au milieu de chaque arête des bases une molécule d'hydrogène : ce prisme représentera le radical fondamental $C^{32} H^{32}$. Suspen-

(1) Théorie des Radicaux dérivés et Mémoires sur les séries Naphtalique et Stilbique.

dons, au-dessus de chaque base, des molécules d'eau nous aurons un prisme terminé par des espèces de pyramides ; la formule sera : $C^{32} H^{32} + 2 Aq$ » (1).

Ces assertions de Laurent étaient exactes, en tant qu'elles s'appliquaient aux carbures d'hydrogène et à leurs dérivés, à la série naphtalique, par exemple, c'est-à-dire aux corps qui avaient été pris pour point de départ dans cette classification. Mais, ainsi que l'observe judicieusement M. Berthelot, « il suffit de jeter les yeux sur les applications que Laurent en fait à la mannite, au sucre de canne et aux principes fixes naturels, pour juger de la stérilité des idées qui en font la base, en dehors du cercle des composés volatils sur lesquels elles ont été fondées » (2).

Si nous jetons maintenant un coup d'œil d'ensemble sur les principes de classification qui ont eu cours dans la science depuis Lavoisier jusque vers l'année 1840, en laissant de côté les conceptions de Laurent, nous verrons qu'ils étaient surtout fondés, soit sur les propriétés physiques et organoleptiques des corps, comme dans le système de Fourcroy, soit sur les fonctions chimiques, analogues à celles qui étaient déjà connues en chimie minérale, comme les acides et les bases, tous les autres composés étant englobés sous la vague dénomination de corps neutres ou indifférents. Cependant, depuis que la notion de l'espèce chimique avait été nettement définie,

(1) Thèse de chimie de la Faculté des Sciences de Paris, 1837.
(2) La synthèse chimique, p. 150, 1876.

une multitude de principes immédiats avaient été découverts et caractérisés : coordonner tous ces matériaux, les classer d'une manière rationnelle d'après une méthode nouvelle, telle a été l'œuvre entreprise par *Gerhardt*.

CHAPITRE II.

PRINCIPES DE LA CLASSIFICATION SÉRIAIRE DE GERHARDT. — THÉORIE DES TYPES.

Le 5 septembre 1842, Gerhardt lut à l'Académie des Sciences un mémoire intitulé : *Recherches sur la classification chimique des substances organiques.* Voici comment il s'exprime :

« Dans la partie théorique de ce travail, je développe d'une manière générale les principes sur lesquels doit se fonder, suivant moi, la classification chimique des substances organiques.

« J'y démontre que le chimiste fait tout l'opposé de la nature vivante ; qu'il brûle, détruit, opère par analyse ; que la force vitale seule opère par synthèse ; qu'elle reconstruit l'édifice abattu par les forces chimiques. Il en résulte qu'une bonne classification ne peut être basée que sur les produits de décomposition des corps. » (1)

Il fait observer que, dans toute réaction, ce n'est

(1) Comptes-rendus de l'Académie des sciences, t. XV, p. 498.

jamais un équivalent d'eau, ou un équivalent d'acide carbonique, qui prend naissance, mais toujours deux équivalents de ces corps ou un multiple de cette quantité. Pour faire disparaître cette anomalie, il propose de doubler les équivalents du carbone et de l'oxygène, celui de l'hydrogène étant pris pour unité. Il reconstruit les formules organiques d'après cette donnée et observe qu'elles correspondent alors à deux volumes de vapeur, celles qui ne correspondent qu'à un seul volume devant être doublées. La nouvelle notation qui découle de ces faits a été entre ses mains un puissant moyen de progrès et de classification.

Lorsque plus tard, dans un travail plus étendu, il posa les bases définitives de sa classification, il chercha à subordonner à la notion de série les théories partielles qui avaient été émises avant lui par les savants, notamment par Liebig, Dumas et Laurent. Le premier, à la suite de ses recherches sur la série du benzoyle, avait introduit en chimie organique l'idée des radicaux composés; le second, après avoir découvert les phénomènes de substitution, avait formulé la théorie des types chimiques; enfin, le dernier, après une étude approfondie de la naphtaline, avait imaginé la théorie des noyaux.

Frappé de l'analogie qui existe entre un grand nombre de composés, surtout au point de vue de leurs métamorphoses, Gerhardt laissa de côté les caractères physiques et même les fonctions chimiques pour s'appuyer sur un principe plus large, applicable à tous les corps : « La chimie organique, dit-il, *doit grouper ensemble les corps qui résultent les uns des autres* ; puis, quand elle a ainsi disposé un certain nombre de groupes ou de séries, elle doit chercher si, parmi les corps qu'ils comprennent, il n'en est pas qui se ressemblent entre eux à un plus haut degré qu'ils ne ressemblent aux autres combinaisons du même groupe ; qui, par conséquent, reproduisent d'une manière plus ou moins complète un même type de combinaison. Passant ensuite de cette comparaison des différents termes à la comparaison des groupes eux-mêmes pris collectivement, elle découvre de nouvelles analogies, elle trouve des groupes qui se répètent, des séries qui sont parallèles : et de ce parallélisme, elle déduit enfin quelque formule générale qui résume la constitution et les métamorphoses de tout un ensemble de groupes ou de séries. Voilà, en quelques mots, le principe de la classification qui me semble devoir être adopté. » (1)

Il fait ensuite remarquer que les corps ainsi sériés, c'est-à-dire qui obéissent aux mêmes lois de transformation, sont surtout ceux qui ne diffèrent entre eux que par $n\,CH^2$, n étant en nombre entier. Tous ces corps sont *homologues*. Ainsi, ces composés sont caractérisés, non-seulement par la similitude des réactions, mais par l'accroissement régulier des atomes de carbone et d'hydrogène qu'ils renferment

(1) Traité de chimie organique, t. I, p. 122.

dans leur molécule. Les corps semblables qui ne présentent pas ce rapport de composition sont *isologues.*

En sériant suivant leur mode de génération les corps dissemblables, on obtient *les séries hétérologues*; et, en rapprochant les corps semblables par leur composition et leurs propriétés, *les séries homologues et isologues.*

La citation suivante, que j'emprunte encore à Gerhardt, dans son admirable traité de chimie organique, résume avec une grande netteté ce principe de classification :

« Qu'on dispose sur une table un jeu de cartes, en mettant sur une première ligne verticale toutes les cartes d'une même couleur, et parallèlement à celles-ci, sur d'autres lignes verticales, les cartes semblables des autres couleurs, toutes les cartes se trouveront rangées sur deux lignes figurant les deux espèces de séries dont je parle : les cartes de même couleur, mais de valeur différente, placées dans le sens vertical, représenteront une série de corps résultant les uns des autres et dissemblable (*séries hétérologues*) ; les cartes de couleur différente, mais de même valeur, représenteront une série de corps semblables appartenant à des générations différentes (*séries isologues* ou *homologues*). Cet exemple, si simple, est l'image de toute la classification chimique. Qu'une carte vienne à manquer dans le jeu, sa place n'en est pas moins marquée, et chacun peut, sans l'avoir vue, s'en faire une idée exacte. Il en est de même en chimie organique : des séries peuvent être constatées sans qu'on en connaisse tous les termes, et l'avantage de la classification sériaire, telle que je la conçois, est peut-être moins de grouper méthodiquement des corps déjà connus que de prévoir l'existence de corps inconnus, dont elle fait à l'avance connaître les propriétés. » (1)

Prenons un exemple :

L'acide formique et l'acide stéarique sont homologues, appartiennent tous deux à la série des acides gras. Quelles différences entre leurs propriétés physiques ! l'un, le premier, est liquide, corrosif, volatil. soluble en toute proportion dans l'eau ; l'autre est solide, sans action sur nos organes, insoluble dans l'eau, et ne peut guère être distillé sans décomposition. Eh bien, ces deux corps appartiennent à la même série, parce qu'ils jouissent de propriétés chimiques analogues, qu'ils sont susceptibles d'éprouver les mêmes transformations, et qu'ils sont unis entre eux par une relation très-simple : ils ne diffèrent entre eux que par n (CH^2), n étant ici égal à 18. Mais si, au lieu de prendre deux termes aussi éloignés dans la série, nous considérons deux termes très-rapprochés, alors ces grandes différences s'évanouissent : quoi de plus semblable à l'acide formique que son homologue supérieur, l'acide acétique ? De l'acide acétique on passe par une transition graduelle aux termes suivants : les acides propionique, butyri-

(1) *Loc. cit.* p. 127 et 128.

que, valérianique..... Semblablement, les acides gras qui ressemblent le plus à l'acide stéarique sont ceux qui sont les plus rapprochés de lui dans la série, ses homologues immédiatement supérieurs et inférieurs. D'où il suit que les différences, tout en devenant très-profondes, suivent néanmoins une progression très-régulière; et cette régularité est même telle, qu'elle permet d'assigner à l'avance certaines propriétés du terme qui peut manquer dans la série, par exemple celles qui ont trait au point d'ébullition, au point de fusion, à la solubilité dans les menstrues, etc.

Il résulte de ce qui précède que, dans la série des acides gras, on peut prendre pour type, pour chef de famille, l'un quelconque des composés de la série, par exemple l'acide formique. Il suffit d'y remplacer un atome d'hydrogène par des groupes hydrocarbonés pour obtenir tous les autres termes :

Acide formique......	$C H^2O^2 = CHO^2 H$
— Acétique......	$C^2H^4O^2 = CHO^2 CH^3$
— Propionique. .	$C^3H^6O^2 = CHO^2.C^2H^5$
— Butyrique.....	$C^4H^8O^2 = CHO^2.C^3H^7$ (2)

Mais l'acide formique, à son tour, peut être comparé à certains acides minéraux, et ceux-ci à des oxydes métalliques ; or, Laurent, le premier, a fait remarquer que quelques-uns de ces derniers ont une constitution analogue à celle de l'eau. Jetez sur l'eau du potassium, le métal prendra la place de

(2) $H = 1$; $O = 16$; $C = 12$.

l'hydrogène, et vous obtiendrez de la potasse caustique : telle est la filiation des idées qui a conduit Gerhardt à rapprocher tous ces corps et à les comparer à l'un d'entre eux, à l'eau par exemple :

$\left.\begin{matrix}H\\H\end{matrix}\right\}O$	$\left.\begin{matrix}K\\H\end{matrix}\right\}O$	$\left.\begin{matrix}K\\K\end{matrix}\right\}O$	$\left.\begin{matrix}Az\,O^2\\H\end{matrix}\right\}O$	$\left.\begin{matrix}CHO\\H\end{matrix}\right\}O$
	Hydrate de potassium.	Oxyde de potassium.	Acide Azotique.	Acide Formique.

Au même type se rapportent les éthers mixtes de M. Williamson, corps comparable à l'éther ordinaire, à l'alcool, et par suite à l'eau .

$\left.\begin{matrix}H\\H\end{matrix}\right\}O$	$\left.\begin{matrix}C^2H^5\\H\end{matrix}\right\}O$	$\left.\begin{matrix}C^2H^5\\C^2H^5\end{matrix}\right\}O$	$\left.\begin{matrix}C\,H^5\\C\,H^3\end{matrix}\right\}O$
Eau.	Alcool.	Ether ordinaire.	Ether Métylétylique.

A son tour, Gerhardt, après avoir contesté la possibilité de l'existence des acides anhydres, les découvrit lui-même et les fit rentrer dans le même type :

$\left.\begin{matrix}H\\H\end{matrix}\right\}O$	$\left.\begin{matrix}C^2H^3O\\H\end{matrix}\right\}O$	$\left.\begin{matrix}C^2H^3O\\C^2H^3O\end{matrix}\right\}O$
Eau.	Acide acétique.	Acide acétique anhydre.

Ainsi, comme le fait justement remarquer M. Wurtz, cette découverte, loin d'être un embarras, est devenue une confirmation de la théorie.

Mais tous les corps ne peuvent être rapportés à l'eau. En effet, il existe, dit Gerhardt, des combinaisons organiques qui présentent avec certaines espèces minérales les plus étroites analogies. Par exemple, le mode de combinaison propre à certains éléments se reproduit de la manière la plus variée dans certaines combinaisons organiques : de même que des métaux ont leurs hydrures, leurs oxydes, leurs sulfures, leurs chlorures... de même, il y a des *métaux organiques* ou *radicaux composés*, qui ont leurs hydrures, leurs oxydes, leurs chlorures. etc.; et lorsqu'on les range en séries, ils viennent se placer : les uns à gauche, à côté de l'hydrogène et du potassium; les autres au centre, avec l'arsenic et l'antimoine; les autres à droite, à côté des éléments électro-négatifs.

D'un autre côté, en 1849, M. Wurtz fit sa grande découverte des ammoniaques composées, en étudiant l'action de la potasse sur les anciens éthers cyaniques. Il eut immédiatemont l'idée de rapporter ces corps à l'ammoniaque : « On peut remplacer dans l'ammoniaque une molécule d'hydrogène par une molécule de méthyle, d'éthyle, d'amyle, et l'on obtient une série de composés qui ont une analogie de propriétés frappantes avec l'ammoniaque elle-même. Ce sont des bases puissantes, je les désigne sous le nom de méthylamine, d'éthylamine et d'amylamine » (1).

Quelques mois après, Hofmann découvre à son tour la diéthylamine et la triéthylamine, corps dans lesquels deux ou trois atomes d'hydrogène sont remplacés par deux ou trois groupes éthyliques :

$$\text{Az.}\left\{\begin{array}{l}H\\H\\H\end{array}\right. \qquad \text{Az.}\left\{\begin{array}{l}C^2H^5\\H\\H\end{array}\right. \qquad \text{Az.}\left\{\begin{array}{l}C^2H^5\\C\,H^5\\H\end{array}\right. \qquad \text{Az.}\left\{\begin{array}{l}C^2H^5\\C^2H^5\\C^2H^5\end{array}\right.$$

Ces belles découvertes amenèrent tout naturellement les chimistes à établir le type ammoniaque.

(1) *Annales de physique et de chimie*, t. XXX, 3e série, p. 336.

D'après toutes ces considérations, Gerhardt a été conduit à rapporter les composés organiques à quatre types principaux, empruntés à la chimie minérale, en maintenant bien entendu à ces types le sens de jalons de série, et en leur donnant la signification qui a été précisée plus haut. Voici leur énumération.

I. *Type* ou *métalhydrogène*. Notation $\left.\begin{matrix}H\\H\end{matrix}\right\}$.

A ce type, Gerhardt rapporte les carbures d'hydrogène, les acétones, les aldéhydes et les radicaux oxygénés.

Les corps qu'il renferme sont *primaires* ou *secondaires* suivant que la substitution porte sur un ou deux atomes d'hydrogène du type.

II. *Type chlorure* ou *Acide chlorhydrique*. Notation : $\left.\begin{matrix}H\\Cl\end{matrix}\right\}$.

Ce n'est évidemment qu'une modification duprécédent et on peut à la rigueur le supprimer.

Cependant Gerhardt y range : à gauche, les éthers dits chlorhydriques; à droite, les chlorures dits électro-négatifs, comme le chlorure de benzoyle.

III. *Type eau*. Notation : $\left.\begin{matrix}H\\H\end{matrix}\right\}O$.

Comprenant : à gauche, les alcools, les éthers simples et mixtes ; à droite, les acides hydratés et les acides anhydres ; au centre, les éthers composés.

IV. *Type ammoniaque.*

Il renferme : à gauche, les ammoniaques composées ; à droite, les amides comme la benzamide.

Si Gerhardt a choisi les quatre types précédents, c'est parce que chacun d'eux possède un caractère fondamental, commun à tous les termes qui en dérivent. Ce caractère fondamental, c'est le phénomène de la *double décomposition.* Fait-on par exemple réagir l'éther chlorhydrique sur l'alcoolate de potassium, on obtient de l'éther ordinaire et du chlorure de patassium.

$$\left.\begin{matrix}C^2H^5\\ Cl\end{matrix}\right\} + \left.\begin{matrix}C^2H^5\\ K\end{matrix}\right\} = \left.\begin{matrix}C^2H^5\\ C^2H^5\end{matrix}\right\}O + \left.\begin{matrix}Cl\\ K\end{matrix}\right\}$$

Mais tous les chimistes s'accordent à penser que Gerhardt a été trop exclusif : lorsque le chlore se combine à l'éthylène pour former la liqueur des Hollandais, peut-on dire qu'il y ait dans ce phénomène une double décomposition sans torturer le sens de ce mot. N'est-il pas évident que dans cette réaction, il y a simplement combinaison, addition d'éléments? Soutenir qu'il y a dans ce cas double décomposition, c'est évidemment faire une supposition gratuite et inadmissible.

Observons aussi que dans le système de Gerhardt un corps organique n'appartient pas au type acide chlorhydrique ou au type eau par cela seul qu'il renferme du chlore ou de l'oxygène ; car les caractères des composés sont fonction non-seulement de la nature des éléments et de leur proportion, mais encore de la manière dont ils sont groupés dans la molécule. Ainsi dans l'acide acétique, il y a un seul atome d'hydrogène remplaçable par les métaux, tandis que les trois derniers y sont engagés sous une autre forme, puisqu'ils sont remplaçables seulement par des éléments électro-négatifs, tels que le chlore, le brome ou l'iode. Il faut tenir compte de cette circonstance pour comprendre comment, dans les métamorphoses chimiques, la molécule tend à se dédoubler, à se scinder suivant certaines directions, de manière à donner naissance à des fragments qui passent aisément d'une molécule dans une autre. On peut sans doute adopter cette manière de voir, mais à la condition de ne donner au mot radical qu'une valeur purement relative. Au surplus, Gerhardt lui-même ne s'y est pas trompé, car il dit formellement :

« Je prends l'expression de radical *dans le sens de rapport*, et non dans celui de corps isolable ou isolé. »

Et afin qu'on ne se méprenne pas sur sa pensée, il ajoute d'une manière plus explicite :

« Il est donc bien entendu qu'en parlant d'un radical, je ne désigne aucun corps sous la forme et avec les propriétés qu'il aurait à l'état isolé ; mais je distingue seulement *le rapport* suivant lequel se substituent ou se transportent d'un corps à l'autre, dans la double décomposition, certains éléments ou groupes d'éléments » (1).

(1) Traité de chimie organique, t. IV, p. 509.

La théorie de Gerhardt s'applique à un très-grand nombre de composés, tant organiques que minéraux, notamment à ceux dont les métamorphoses sont bien connues, mais elle est loin de les embrasser tous ; en effet, même pour ces derniers, il en est qui restent en dehors de cette classification typique, les acides polybasiques par exemple. Aussi, M. Williamson a-t-il proposé l'emploi des types condensés ; l'acide sulfurique qui est bibasique a été rapporté au type eau deux fois condensé :

$$\left.\begin{matrix} H^2 \\ H^2 \end{matrix}\right\} O^2 \qquad \left.\begin{matrix} SO^2 \\ H^2 \end{matrix}\right\} O^2 \quad \text{ou} \quad \left.\begin{matrix} H \\ SO^2 \\ H \end{matrix}\right\} O^2$$

Eau. Acide sulfurique.

Le radical SO^2 a pris la place de deux atomes d'hydrogène en rivant l'une à l'autre les restes des deux molécules d'eau.

Or, de tels radicaux existent en chimie organique ; c'est ce qui a été démontré par M. Wurtz dans son beau travail sur les glycols,

$$\left.\begin{matrix} H^2 \\ H^2 \end{matrix}\right\} O^2 \qquad \left.\begin{matrix} H \\ C^2 H^4 \\ H \end{matrix}\right\} O^2 \qquad \left.\begin{matrix} H \\ C^3 H^6 \\ H \end{matrix}\right\} O^2$$

Eau. Glycol. Propylylycol.

On a admis également l'existence de types plus condensés, par exemple les types tricondensés pour représenter les acides tribasiques ; mais l'exemple précédent suffit pour en faire comprendre le principe.

Enfin on conçoit qu'un radical analogue au sulfuryle ou à l'éthylène puisse river l'une à l'autre des molécules de nature différente ; il en résulte alors des types mixtes qui ont été proposés par M. Odling.

CHAPITRE III.

DE L'ATOMICITÉ COMME PRINCIPE DE CLASSIFICATION.

La théorie des types de Gerhardt et la notation qui en découle contiennent un excellent moyen d'exposition didactique, mais il faut se garder d'y voir autre chose qu'un artifice ingénieux de classification. Du reste, Gerhardt ne s'y est point trompé lui-même, puisqu'il dit expressément qu'il prend le mot de radical dans le sens de rapport, et non sous celui de corps isolable ou isolé. S'il est ainsi entendu que ce radical est fictif, il est inutile de chercher à raisonner sur sa nature réelle ; car un assemblage d'atomes étant donné, on peut imaginer par la pensée tel ou tel groupement partiel qui passera d'une molécule dans une autre par double décomposition. Mais il n'y a pas que des doubles décompositions, comme inclinait à le penser Gerhardt ; et si sa théorie rend un compte satisfaisant de ces réactions pour lesquelles elle a été créée, elle est tout à fait insuffisante, d'un secours médiocre ou même nul, lorsqu'il s'agit d'additions ou de dédoublements moléculaires.

Thénard a démontré, par exemple, que l'éther

chlorhydrique se dédouble sous l'influence de la chaleur en éthylène et en acide chlorhydrique.

$$C^2H^5Cl = C^2H^4 + HCl$$

Comment se rendre compte de cette réaction dans la théorie des types?

D'un autre côté, M. Berthelot a prouvé que l'éthylène se combine directement à l'acide chlorhydrique pour reproduire l'éther chlorhydrique :

$$C^2H^4 + HCl = C^2H^4 (HCl.$$

On ne peut évidemment voir dans cette réaction qu'un simple phénomène d'addition, une molécule qui se conplète par l'addition d'une autre molécule.

Remarquons en outre que malgré les raisons alléguées par les partisans de la théorie des types, des séries qui comprennent à la fois des acides, des bases, des alcools, des éthers, le tout englobé dans le même type, sont après tout purement conventionnelles et ne reposent point sur la réalité des choses.

Néanmoins, les atomistes se sont emparés de la théorie des types et l'ont subordonnée à un principe plus général, celui de l'atomicité.

Dès l'année 1855, M. Wurtz a cherché à dégager le principe fondamental de la théorie des types en faisant remarquer que ces types ne sont pas arbitraires, mais en corrélation avec la valeur de substitution différente que l'on peut attribuer à l'hydrogène ou au chlore, à l'oxygène, à l'azote, au carbone, au phosphore; « Les types hydrogène, eau et ammoniaque ne sont pas choisis au hasard, mais représentent trois formes de combinaison entre lesquels la théorie peut établir un lien. On peut en quelque sorte, réduire ces trois types en un seul et les rapporter à de l'hydrogène plus ou moins condensé. Ainsi l'eau apparaît comme de l'hydrogène deux fois condensé dans lequel l'atome diatomique oxygène est venu prendre la place de H^2. L'ammoniaque apparaît comme de l'hydrogène trois fois condensé dans lequel l'élément triatomique azote est venu prendre la place de H^3 » (1). Cette manière d'envisager les types conduit au tableau suivant :

HH	HCl	Acide chloridrique.
H^2H^2	H^2O	Eau.
H^3H^3	H^3Az	Ammoniaque.
H^4H^4	H^4C	Formène (gaz des marais).
H^5H^5	Cl^5Ph	Perchlorure de phosphore.

Les radicaux symboliques de Gerhardt ont été ensuite analysés, disséqués en quelque sorte, et on a cherché à établir entre les atomes qui les composent des liens précis, en admettant notamment que non-seulement les atomes hétérogènes épuisent entre eux leurs atomicités disponibles, mais que ces dernières peuvent s'échanger entre les atomes de même nature.

Soit, comme exemple, le gaz des marais CH^4. Remplaçons l'un des atomes d'hydrogène par de l'iode et faisons réagir le sodium sur deux molécules d'éther méthyliodhydrique ainsi obtenu, il se formera de l'hydrure d'éthylène,

(1) Leçons de philosophie chimique, p. 114, 1864.

$$\begin{array}{c}H\\|\\H-C-H\\|\\I\end{array} + \begin{array}{c}H\\|\\H-C-H\\|\\I\end{array} + 2\,Na = 2\,NaI + \begin{array}{c}H\\|\\H-C-H\\|\\H-C-H\\|\\H\end{array}$$

Ainsi, dans la nouvelle molécule, les deux atomes de carbone ont toutes leurs atomicités satisfaites, à la condition d'admettre que deux d'entre elles s'échangent mutuellement. Mais cette hypothèse qui est assez satisfaisante lorsqu'il s'agit de corps saturés devient insuffisante quand on cherche à l'appliquer aux corps incomplets.

Soit l'aldéhyde

$$C^2H^4O = \begin{array}{c}H\\|\\H-C-H\\|\\C=O\end{array}$$

On admet ici que les deux atomicités de l'oxygène s'échangent contre les deux atomicités libres de l'atome de carbone qui est en rapport seulement avec un atome d'hydrogène. S'il en est réellement ainsi, pourquoi cette molécule, dont toutes les atomicités sont satisfaites, fixe-t-elle avec la plus grande facilité deux atomes d'hydrogène pour régénérer l'alcool, comme l'a démontré M. Wurtz ?

$$\begin{array}{c}H\\|\\H-C-H\\|\\H-C=O\end{array} + H^2 = \begin{array}{c}H\\|\\H-C-H\\|\\H-C-H\\|\\OH\end{array}$$

Avancer qu'il se forme de l'oxhydryle dans ce cas particulier, c'est faire une nouvelle hypothèse et aller au-delà des faits. N'est-il pas plus simple de dire que l'aldéhyde, quelle que soit du reste sa structure moléculaire, est une molécule incomplète et qu'elle jouit de la propriété de fixer H^2 pour se compléter.

A mon sens, l'atomicité des éléments ne pourrait être soutenue que s'il s'agissait d'une propriété nettement définie, aussi spécifique, par exemple, que le poids atomique. Or, il est aisé de voir qu'il n'en est rien, et que l'atomicité des éléments varie suivant la nature des corps avec lesquels ils entrent en combinaison.

Le phosphore se combine avec trois atomes au plus d'hydrogène, et il est seulement triatomique par rapport à ce dernier ; mais il est pentatomique vis-à-vis du chlore, puisqu'il existe un pentachlorure $Ph\,Cl^5$; avec l'iode, il existe un iodure de phosphore $Ph\,I^2$ qui ne répond à aucun chlorure connu, etc.

L'azote est monoatomique dans le protoxyde

$$Az^2O.$$

comme dans l'acide hyponitreux de M. Divers,

$$\left.\begin{matrix}Az\\H\end{matrix}\right\}O,$$

Il est triatomique dans l'ammoniaque, pentatomique dans le chlorhydrate d'ammoniaque, l'acide cyanurique, etc.

Il est impossible, dans toute classification naturelle de séparer l'iode du chlore, et cependant dans le composé ICl^3, l'iode joue le rôle d'élément triatomique ; il en est de même dans le singulier composé découvert par M. Schützenberger, le triacétate d'iode,

$$\left.\begin{matrix}(C^2H^3O)^3\\ I\end{matrix}\right\}O^3.$$

Mêmes difficultés pour les métaux.

Le mercure est diatomique dans le sublimé

$$Hg\,Cl^2,$$

et seulement monoatomique dans le calomel, puisque ce corps, d'après les expériences de M. Debray, répond à la formule $Hg\,Cl$, et non à la formule $Hg^2\,Cl^2$.

Le manganèse est monoatomique dans l'acide permanganique; diatomique dans le protoxyde de manganèse; diatomique ou tétratomique dans la pyrolusite, tétratomique dans l'acide fluomanganeux; hexatomique, à la manière du ferricum, dans la braunite, heptatomique dans le perchlorure de M. Dumas, etc.

D'après cela, il me paraît douteux que l'atomicité des éléments puisse servir de principe de classification, soit pour les corps simples, soit pour les corps composés.

On voit en effet, par les exemples qui précèdent, que l'atomicité d'un élément varie suivant la nature du corps auquel on le combine; ce qui revient à dire que les corps n'ont pas d'atomicités absolues, et que par suite, la capacité de saturation étant variable, on ne peut se fonder sur ce caractère relatif pour établir une classification.

Mais le mot d'atomicité a été employé dans un autre sens parfaitement légitime, en tant que représentant la valeur relative des molécules entre elles. Ainsi comprise, cette notion devient un principe de classification sur lequel il convient d'insister

En 1833, Graham a démontré que dans le phosphate neutre de potassium, il y a 3 atomes de potassium et que les phosphates acides ne diffèrent de ce sel que parce qu'ils renferment des atomes d'hydrogène au lieu d'atomes de potassium. Il est aisé de voir qu'il est impossible de diviser par 3 les atomes d'oxigène dans les sels neutres et que ces derniers renferment, par conséquent, dans leur molécule trois fois plus de potassium que l'azotate de potassium, par exemple.

On peut faire une remarque analogue pour les citrates, qui sont tribasiques, car si les atomes de carbone sont divisibles par 3, il n'en est pas de même des atomes d'oxygène et d'hydrogène.

Au surplus, l'éther phosphorique, par exemple, renferme, sous le même volume, trois fois autant de carbone que l'éther azotique :

Ether Azotique...... $C^2H^6O + Az\,O^3H - H^2O$
— Phosphorique . $3\,C^2H^6O + Ph\,O^4H^3 - 3\,H^2O$.

Cette circonstance est décisive, car elle démontre que l'existence des molécules polybasiques se trouve en parfait accord avec les densités gazeuses des éthers. On est donc conduit à considérer la molécule d'un acide bibasique comme résultant de la fusion de deux molécules monobasiques intimement unies.

Ces notions, d'abord précisées en chimie minérale,

trouvent leurs applications en chimie organique, ce qui permet d'en déduire des règles importantes de classification, comme nous le verrons dans la deuxième partie de ce travail. Développons donc ces nouvelles données qui se rattachent si intimement à notre sujet.

Autrefois, on exprimait l'acide formique et l'acide oxalique par des formules renfermant la même quantité de carbone,

Acide Formique.... CH^2O^2
— Oxalique..... $CH\ O^2$.

Mais, tandis que le premier ne donne naissance avec les bases, qu'à une seule série de sels neutres, le second fournit en outre des sels acides et des sels doubles :

Formiates..... $CHMO^2$;

1° Oxalate, acide de potassium,

$(CKO^2 + CHO^2)$

2° Oxalate double de potassium et de sodium,

$(CKO^2 + CNaO^2)$

Cette propriété de former des sels doubles s'explique de la façon la plus naturelle en admettant que la molécule oxalique renferme deux fois plus de carbone que le molécule formique :

$$2\,(CHO^2) = C^2H^2O^4.$$

1° Oxalate neutre de potassium $C^2K^2O^4$;
2° — acide — C^2HKO^4;
4° — double — C^2KNaO^4.

La molécule de l'acide formique est égale à 46;

c'est un corps volatil dont la densité de vapeur est d'accord avec cette valeur, en admettant bien entendu que la molécule, comme le veut Gerhardt, soit représentée par deux volumes, l'hydrogène étant pris pour unité.

Le poids moléculaire de l'acide oxalique est 45 ou 90 suivant que l'on prend une formule simple ou double. Si ce corps était volatil, il serait facile de décider entre les deux quantités, mais il n'en est rien. On peut cependant arriver à la solution de ce problème d'une manière indirecte. par exemple en engageant l'acide oxalique dans une combinaison volatile.

Tandis que l'acide formique ne donne avec l'alcool qu'un seul éther, l'acide oxalique en fournit deux, un éther acide et un éther neutre; ce dernier est volatil sans décomposition, ce qui permet de déterminer sa densité de vapeur.

Or, l'expérience indique,

Pour l'éther formique: $D = 2.57$.

Pour l'éther oxalique neutre : $D = 5, 1$.

D'autre part, l'éther formique, résultant de la combinaison d'un molécule d'alcool avec une molécule d'acide, moins un molécule d'eau,

$$CH^2O^2 + C^2H^6O - H^2O = C^2H^4(CH^2O^2),$$

son poids moléculaire est égal à 74 ; on a, par suite, pour sa densité,

$$D = \frac{74 \times 0.0693}{2} = \frac{5.2}{2}.$$

En admettant que l'éther oxalique neutre résulte de deux molécules d'alcool, conformément à l'équation suivante :

$$2C^2H^6O + C^2H^2O^4 - 2\,H^2O = \frac{C^2H^4}{C^2H^4}\,(C^2H^4O),$$

la densité théorique est égale à 5,1, c'est-à-dire qu'elle se confond avec la densité expérimentale,

$$D = \frac{146 \times 0.0693}{2} = \frac{10,1}{2}$$

En résumé, tandis que le litre d'éther formique renferme le carbone de 1 litre de vapeur d'alcool, l'éther oxalique neutre contient, sous le même volume, le carbone de 2 litres de vapeur d'alcool; et il est ainsi prouvé que, dans ce dernier cas, le carbone a une condensation double de celle qu'il possède dans l'éther formique; et qu'ainsi, la molécule d'acide oxalique possède une capacité de saturation double.

La notion des molécules monobasiques, bibasiques, tribasiques, etc., est donc appuyée par la considération des densités gazeuses des éthers, de telle sorte qu'il existe bien plusieurs catégories d'acides : un acide bibasique pouvant être considéré comme le résultat de deux molécules monobasiques intimement unies, etc. Dès l'année 1838, Liebig, dans un travail d'ensemble, insistait sur la nécessité de regarder comme polybasiques les acides cyanurique, mélonique, coménique, citrique, aconique et aconitique, tartrique, malique et fumarique.

Des considérations analogues s'appliquent aux alcools et ont été introduites pour la première fois dans la science par M. Berthelot, à la suite de ses recherches fondamentales sur la glycérine. Comparons, en effet, l'alcool ordinaire et la glycérine.

Tandis que l'alcool éthylique ne se combine avec l'acide chlorhydrique qu'en une seule proportion pour donner l'éther chlorhydrique,

$$C^2H^6O + HCl - H^2O = C^2H^4(HCl),$$

la glycérine peut s'unir successivement à une, deux, trois molécules du même acide :

$C^3H^8O^3 + HCl - H^2O = C^3H^7O^2Cl$... Monochlorhydrine
$C^3H^8O^3 + 2\,HCl - 2\,H^2O = C^4H^6OCl^2$. Dichlorhydrine
$C^3H^8O^3 + 3\,HCl - 3\,H^2O = C^3H^5Cl^3$.. Trichlorhydrine

Dans ce cas, le chlore qui répond à l'élément acide, est trois fois plus condensé dans la trichlorhydrine que dans la monochlorhydrine.

Ainsi, là où l'alcool ordinaire ne produit qu'une seule combinaison, la glycérine en produit trois; et, d'une manière plus générale, l'expérience démontre qu'une seule molécule de glycérine peut éprouver trois fois l'une quelconque des réactions qui s'appliquent à l'alcool ordinaire, soit séparément, soit simultanément. C'est donc un édifice qui équivaut à trois molécules d'alcool éthylique : on exprime ce fait d'un seul mot en disant que la glycérine est triatomique.

En jetant un coup d'œil sur les formules ci-dessus, on remarquera que l'atomicité des alcools, en dehors de toute notation symbolique, peut se définir de la manière suivante : un alcool est *monoato-*

mique lorsqu'il renferme les éléments d'une seule molécule d'eau remplaçable par une quantité équivalente d'un acide quelconque. Il est *diatomique* quand les éléments de deux molécules d'eau peuvent y être remplacés séparément ou simultanément par deux molécules, soit d'un même acide, soit de deux acides différents, etc.

Cette atomicité *par substitution*, ainsi définie, est à l'abri de toute objection, et doit être soigneusement distinguée de l'atomicité *par addition* dont il a été parlé au début de ce chapitre.

On a vu plus haut que la même notion s'applique aux acides organiques ; mais, dans ce cas particulier, on a distingué la basicité et l'atomicité.

Gerhardt, le premier, a cherché. mais vaguement, à établir cette distinction dans les termes suivants :

« J'appelle *Hydrogène basique* l'hydrogène qui est susceptible d'être échangé pour le radical des bases et des alcools.

» Les acides hydratés peuvent être distingués en *monoatomiques, biatomiques, triatomiques* etc., suivant que leur molécule dérive d'une, de deux, ou de trois molécules d'eau.

» *La basicité* d'un acide, c'est le nombre des atomes d'hydrogène qu'il renferme dans sa molécule ; delà, la division des acides en *monobasiques, bibasiques* ou *tribasiques*, suivant que le nombre des atomes d'hydrogène basique y est égal à 1, à 2 ou à 3. Cette division correspond à la dérivation des acides du type eau; et très souvent un acide monobasique est aussi monoatomique, de même qu'un acide bibasique est biatomique, et un acide tribasique est triatomique. » (1)

Et plus bas, il ajoute :

Un acide *monoatomique* ne peut être que *monobasique*, mais un acide monobasique n'est pas nécessairement monoatomique. Tel est le cas de l'acide sulfovinique, par exemple, qui est monobasique et biatomique :

$$\left.\begin{matrix} H \\ SO^2 \\ C^2H^5 \end{matrix}\right\} O^2;$$

A la suite de ses belles recherches sur les glycols, et en examinant l'action des oxydants sur ces corps, M. Wurtz fut amené à formuler la loi suivante : Les acides ont toujours la même atomicité que l'alcool dont ils dérivent, quelle que soit d'ailleurs leur basicité. Le degré d'atomicité dépend de la quantité d'hydrogène typique qui est remplaçable par des métaux alcalins par double décomposition au moyen des bases.

C'est ainsi que l'acide lactique, qui résulte de l'oxydation du propylglycol de M. Wurtz, bien que dérivant de deux molécules d'eau, ne renferme qu'un seul atome d'hydrogène remplaçable par double décomposition : il est diatomique et seulement monobasique ; en d'autres termes, en dehors de l'hydrogène basique, il renferme encore un atome d'hydrogène susceptible, à la manière de l'hydrogène

(1) Traité de chimie organique, t. IV, p. 641.

typique des alcools, d'être remplacé par des radicaux d'alcool, ou par des radicaux acides.

On exprime encore plus simplement ce fait en disant que l'acide lactique est un acide alcool.

Ces distinctions ont été précisées sous une autre forme par M. Kékulé, à la suite de son intéressant mémoire sur les acides succiniques bromés :

« Les substances appartenant au type eau, et contenant des radicaux formés par le carbone et l'hydrogène seulement, sont des alcools. Les substances contenant des radicaux oxygénés, au contraire, échangent facilement l'hydrogène du type contre des métaux et sont de véritables acides. Je ferai remarquer, en outre, que les acides contenant *un* atome d'oxygène dans le radical sont *monobasiques* ; que ceux qui en contiennent *deux*, sont *bibasiques*, et ainsi de suite. On voit par là que la *basicité* d'un acide ne dépend pas du nombre d'atomes d'hydrogène typique que ce corps contient, mais du nombre d'atomes d'oxygène contenus dans le radical. *La basicité* d'un acide est donc indépendante de son *atomicité*. » (1)

Il me reste maintenant à dire quelques mots du langage qui peut être adopté pour représenter ces distinctions, soit entre la basicité et l'atomicité, soit d'une façon plus générale, entre les corps polyatomiques.

A toutes les formules, M. Berthelot préfère l'emploi de celles qui expriment les équations génératrices,

(1) Annales de Physique et de Chimie, T. 60, p. 127. 1860.

dans lesquelles les phénomènes de substitution sont clairement indiqués, sans qu'il soit nécessaire de recourir à un symbolisme particulier.

Soit la glycérine $C^3H^8O^3$. Elle renferme les éléments de trois molécules d'eau, et nous pouvons l'écrire de la manière suivante :

$$C^3H^8O^3 = C^3H^2 (H^2O) (H^2O) (H^2O).$$

Non pas que cette formule nous indique qu'il existe en réalité dans la glycérine trois molécules d'eau, mais seulement les éléments de ces trois molécules d'eau. Il faut entendre dans le même sens les formules suivantes :

$$C^3H^2(HCl) (H^2O) (H^2O)$$
$$C^3H^2 (HCl) (HCl) (H^2O),$$
$$C^3H^2 (HCl) (HCl) (HCl)$$

Si l'on admet l'atomicité des éléments, on pourra chercher à unir les atomes les uns aux autres, s'efforcer de définir les rapports qui existent entre eux. La glycérine, par exemple, sera exprimée ainsi qu'il suit :

$$C^3H^8O^3 = \left\{ \begin{array}{l} C\,H^2OH \\ C\,H\;OH \\ C\,H^2OH \end{array} \right.$$

C'est un corps : 1° deux fois alcool primaire par le groupement (CH^2OH) ; 2° une fois alcool secondaire par la groupement (CH.OH). Sous ce dernier rapport, il se rapproche des alcools secondaires simples, comme l'alcool isopropylique :

$$\begin{array}{l} CH^3 \\ CH.OH \\ CH^3 \end{array}$$

Ces distinctons entre les oxhydryles ont permis aux atomistes de différencier les corps isomères. En voici un exemple.

Il existe quatre alcools butyliques :

1° L'alcool butylique normal, primaire par le groupe CH^2OH,

$$
\begin{array}{l}
CH^3 \\
| \\
CH^2 \\
| \\
CH^2 \\
| \\
CH^2OH
\end{array}
$$

2° L'alcool butylique de fermentation, qui est également primaire,

$$
\begin{array}{c}
CH^3 \\
| \\
HC\text{-}CH^2OH \\
| \\
CH^3
\end{array}
$$

3° L'alcool butylique secondaire,

$$
\begin{array}{l}
CH^3 \\
| \\
CH,OH \\
| \\
CH^2 \\
| \\
CH^3
\end{array}
$$

4° L'alcool butylique triméthylé de M. Boutelerow,

$$
\begin{array}{c}
CH^3 \\
| \\
CH^3\text{-}C\text{-}OH \\
| \\
CH^3
\end{array}
$$

Il est dit tertiaire parce qu'il est caractérisé par le groupement C (OH).

Il ne faut pas croire que ces formules, à l'exclusion de toutes les autres, ont seules la propriété de caractériser de telles différences : c'est un langage, voilà tout.

Non pas, à nos yeux, que le langage soit indifférent, car, comme le dit si excellemment Lavoisier :

« Toute science physique est nécessairement formée de trois choses : la série des faits qui constitue la science ; les idées qui les rappellent ; les mots qui les expriment. Le mot doit faire naitre l'idée, l'idée doit peindre le fait : ce sont trois empreintes d'un même cachet. » (1)

Mais tout en étant d'une grande importance, le langage n'est que secondaire ; et, dans aucun cas, il n'est permis de lui attribuer une portée fondamentale. Car enfin, comme le dit M. Berthelot : « Le langage est une affaire d'exposition, plutôt que d'invention véritable : les signes n'ont de valeur que par les faits dont ils sont l'image. Or, les conséquences logiques d'une idée ne changent point, quelle que soit la langue dans laquelle on la traduit. » (2)

(1) Traité élémentaire de chimie. 2e partie, chap. XI.
(2) La synthèse chimique, p. 168, 1876.

DEUXIÈME PARTIE

Les fonctions chimiques.

CHAPITRE PREMIER.

PRINCIPES DE LA CLASSIFICATION DES SUBSTANCES ORGANIQUES D'APRÈS LES FONCTIONS CHIMIQUES.

Parmi les principes de classification posés par Gerhardt, il y a lieu d'établir des distinctions au point de vue de leur valeur relative.

Gerhardt a eu parfaitement raison de mettre de côté les caractères physiques et organoleptiques; son principe de classification sériaire en temps que s'appliquant aux corps homologues et aux corps isologues est excellent, parce qu'il conduit à des rapprochements naturels et qu'il repose sur la réalité des choses. Mais lorsque, poussant ce principe jusque dans ses dernières limites et le déviant en quelque sorte de sa signification primitive, on en arrive à rapporter tous les corps à trois ou quatre d'entre eux, on édifie forcément une classification artificielle, en ce sens qu'on est amené à rapprocher les corps les plus disparates, en éloignant parfois ceux qui présentent entre eux une analogie incontestable. C'est ainsi que l'on place dans une même série des acides et des bases, des alcools et des éthers. Existe-t-il en chimie organique une famille plus naturelle que celle des éthers? et cependant, dans le système typique, tandis que les éthers composés sont rangés à côté des alcools, les éthers chlorhydriques viennent se placer dans un autre type, à côté des chlorures organiques.

Tout en reconnaissant que les principes de Gerhardt ont donné lieu à bien des découvertes, on peut leur reprocher d'être trop exclusifs, d'effacer tout caractère qui ne repose point sur des formules, de ne point tenir compte des phénomènes d'isomérie qui, il faut le reconnaître, étaient loin d'avoir à cette époque autant d'importance que maintenant. Que si, en dehors des composés volatils bien définis, on cherche à les appliquer aux principes végétaux fixes les plus importants, tels que les matières amylacées et sucrées, on vient se heurter à des difficultés insurmontables. Cette confusion ou cette impuissance tient à ce que, dans ce système, on met forcément de côté tout ce qui a trait à la fonction chimique.

Cependant, on l'a vu dans la première partie de travail, la fonction chimique, quoique mal définie au début, a été considérée comme un principe très-naturel de classification par les meilleurs esprits, depuis Lavoisier jusqu'à Gay-Lussac. En réalité, ces principes n'ont pas été complètement abandonnés à aucune époque de la science. En effet, que l'on jette un coup d'œil sur la manière dont la chimie organique est exposée actuellement, même par les partisans de la théorie atomique, et on y retrouvera toujours décrits séparément les grands groupes naturels : carbures d'hydrogène, alcools, éthers, acides organiques, etc. Mais ce n'est que depuis une vingtaine d'années que les fonctions des corps organiques ont été mieux connues et mieux définies, et c'est en s'appuyant sur elles que M. Berthelot a pu développer plus exactement qu'on ne l'avait fait auparavant les bases d'une classification naturelle des composés organiques.

En chimie minérale, un petit nombre de fonctions déterminées suffisent pour grouper tous les composés ; corps simples, acides, oxydes, sels, etc. Mais en chimie organique, en raison de l'immense variété des composés tant naturels qu'artificiels, ces divisions sont insuffisantes. En effet, on y rencontre des corps qui n'ont point leurs analogues en chimie minérale : de là, de nouvelles fonctions spéciales qui n'ont pu se dégager clairement dans la science qu'à la suite d'études approfondies. C'est cette étude minutieuse qui a fourni à la chimie organique, telle qu'elle est actuellement connue, ses méthodes, ses cadres, ses classifications. C'est également elle qui a permis à M. Berthelot d'aborder les problèmes de synthèse, car ceux-ci reposent en définitive sur les propriétés générales et fondamentales des composés organiques. c'est-à-dire sur leurs fonctions.

Les découvertes relatives aux acides polybasiques

et aux alcools polyatomiques ont permis d'établir parmi les fonctions certaines distinctions qu'il convient d'exposer ici : ces distinctions sont nécessaires, si l'on veut comprendre dans une classification méthodique tous les corps actuellement connus, tous ceux que l'on peut prévoir et, par suite, avoir l'espoir d'obtenir dans l'état actuel de la science.

Il y lieu de distinguer :

1° Les fonctions simples ;

2° Les fonctions répétées ;

3° Les fonctions mixtes.

Soit d'abord l'alcool éthylique. Son caractère fondamental, appartenant également à ses homologues, c'est de s'unir à chacun des acides monobasiques dans une seule proportion, molécule à molécule, avec élimination d'une molécule d'eau, pour former des éthers ; cette propriété caractérise un alcool à fonction simple.

Soit encore l'acide acétique. Il ne renferme qu'un seul atome d'hydrogène remplaçable par les métaux, ne forme avec l'alcool qu'un seul éther, ne donne qu'un seul acide, l'acétamide, qui est neutre, etc. L'acide acétique est un acide à fonction simple.

Considérons maintenant la glycérine. Elle s'unit aux acides monobasiques, suivant plusieurs rapports, pour donner plusieurs combinaisons qui sont toutes neutres. C'est ainsi qu'elle donne naissance à trois chlorhydrines et s'unissant successivement à 1, 2, 3, molécules d'acide chlorhydrique, avec élimination de 1, 2, 3 molécules d'eau ; qu'elle donne avec l'acide stéarique trois éthers stéariques ou stéarines neutres, etc. On exprime cette propriété fondamentale en disant que la glycérine est un alcool triatomique. On voit que la fonction alcool se trouve répétée trois fois dans une seule molécule, c'est-à-dire « qu'un seul équivalent de glycérine peut jouer dans les réactions le même rôle que trois équivalents d'alcool ordinaire : la glycérine représente trois équivalents d'alcool ordinaire intimement unis et inséparables » (1).

Il résulte de là que tout en jouissant de toutes les propriétés fondamentales qui appartiennent aux alcools à fonctions simples, les alcools polyatomiques présentent des réactions plus nombreuses et plus variées. Ainsi, pour en revenir à la glycérine :

1° Une seule molécule peut éprouver les mêmes phénomènes généraux de déshydratation, de réduction, d'oxydation, de substitution que l'alcool éthylique, d'après les mêmes relations de formules : un seul des trois équivalents dont la fusion intime représente la glycérine, entre en réaction, les deux autres n'étant pas modifiés.

2° Le nouveau corps qui résulte de la modification précédente est susceptible d'éprouver une nouvelle réaction, soit de même nature que la première, soit de nature différente : un second équivalent est alors modifié.

3° Enfin le corps obtenu en second lieu remplit

(1) Berthelot, Traité élémentaire de chimie organique. p. 248, 1872.

les fonctions d'un alcool monoatomique, et, à ce titre, il peut se comporter comme l'alcool ordinaire, c'est-à-dire, par exemple, s'unir à un acide pour former un éther.

En résumé, tantôt les trois équivalents monoatomiques qui constituent la molécule triatomique, pourront éprouver simultanément la même réaction, s'unir au même acide, tantôt deux d'entre eux seront modifiés semblablement et le troisième d'une manière dissemblable; tantôt tous les trois éprouveront trois réactions distinctes, s'uniront à trois acides différents; ou bien deux d'entre eux à un acide, le troisième à un alcool; ou enfin, le premier à un acide, le second à un alcool, tandis que le troisième, en perdant de l'hydrogène, engendrera une aldéhyde.

Ces considérations conduisent naturellement à la conception des fonctions mixtes, si communes parmi les composés naturels.

Soit le glycol

$$C^2H^6O^2 = C^2H^2(H^2O)(H^2O)$$

Oxydons-le par le noir de platine en présence de l'eau, d'après le procédé de M. Wurtz, nous obtiendrons l'acide glycolique

$$C^2H^2(H^2O)(O^2)$$

c'est un corps qui ne possédera plus, en quelque sorte, que la moitié des propriétés alcooliques de son générateur; il est, comme on l'a dit, alcool par une extrémité, acide par l'autre; c'est à la fois un alcool monoatomique et un acide monobasique, un acide-alcool.

Traitons maintenant ce nouveau corps par l'acide nitrique, nous obtiendrons de l'acide oxalique,

$$C^2H^2(O^2)(O^2)$$

Cette fois, nous aurons un acide bibasique entièrement dépourvu de propriétés alcooliques. Dans l'acide glycolique, nous voyons deux fonctions distinctes appartenant à la même molécule: c'est un corps à fonction mixte.

Dans l'acide oxalique, la fonction acide y est répétée deux fois: c'est un corps deux fois acide.

Conformément au même principe, on conçoit qu'une même molécule puisse réunir simultanément plusieurs fonctions distinctes, même des fonctions qui sont en quelque sorte opposées, comme la fonction acide et la fonction basique.

La salicine, par exemple, est un éther mixte, en même temps qu'un alcool polyatomique, car elle résulte de la combinaison d'un glucose, alcool hexatomique, avec la saligénine qui est un alcool diatomique :

$$C^6H^{10}O^5\ (C^7H^8O^2)$$

Donc ce principe immédiat doit se comporter encore comme un véritable alcool polyatomique. De fait, il se combine à l'acide benzoique et donne naissance à la populine, principe cristallisable de l'écorce de peuplier,

$$C^6H^8O^4\ (C^7H^8O^2)\ (C^7H^6O^2)$$

Enlève-t-on de l'hydrogène à la salicine, on obtient l'hélicine, corps qui joue à la fois le rôle d'un alcool polyatomique, d'un éther et d'un aldéhyde.

L'exemple précédent suffit pour donner une idée de l'infinie variété des composés qui peuvent résulter des transformations des alcools polyatomiques. Il est plus facile d'énoncer le principe des fonctions mixtes, que de donner de ces dernières une nomenclature facile et complète. Cependant voici l'énumération des fonctions mixtes les plus importantes :

1° *Les alcools-éthers*. Exemple : la dichlorhydrine, éther qui joue encore le rôle d'un alcool monoatomique.

2° *Les alcools-aldéhydes*. Exemple : l'aldéhyde salycilique, qui est en même temps un alcool monoatomique.

3° *Les alcools-acides*. Exemple : l'acide lactique ordinaire qui résulte de l'oxydation incomplète du propylglycol de M. Wurtz.

4° *Les alcools-alcalis*, corps engendrés par l'introduction dans la molécule d'un alcool polyatomique des éléments de l'ammoniaque. Exemple : la glycérammine,

$$C^3H^2 (H^2 O) (H^2O) (AzH^3)$$

qui est en outre un alcool diatomique.

5° *Les acides-éthers*, comme l'acide éthylglycolique,

$$C^2H^2 (C^2H^6O) (O^2)$$

6° *Les acides-aldéhydes*; tel est l'acide glyoxalique.

$$C^2H^2 (O^2) (O—$$

7° *Les acides-alcalis*, comme la glycollammine (glycocolle), qui dérive du glycol par deux substitutions différentes et simultanées, celle de O^2 à H^2O (réaction acide), celle de $Az H^3$ à H^2O (réaction d'alcali) :

Glycol......... $C^2H^2 (H^2O) (H^2O)$
Glycollammine. $C^2H^2 (O^2) (Az H^3)$

8° *Les acides-phénols*, comme l'acide salicylique,

$$C^7H^6O^3 = C^7H^4 (H^2O) O^2$$

Nous allons maintenant appliquer ces principes, dans les chapitres suivants, à classer les substances organiques d'après les huit fonctions suivantes, établies par M. Berthelot : 1° Les carbures d'hydrogène ; 2° les alcools ; 3° les aldéhydes ; 4° les acides ; 5° les éthers ; 6° les alcalis ; 7° les amides ; 8° les radicaux métalliques composés.

CHAPITRE II.

PREMIÈRE FONCTION : CARBURES D'HYDROGÈNE.

Les carbures d'hydrogène sont les plus simples des composés organiques. Une fois obtenus par la synthèse directe des éléments, ainsi que cela résulte des persévérantes recherches de M. Berthelot, on peut les transformer, par des méthodes régulières, en composés ternaires, puis quaternaires. Ils ont donc été considérés, à bon droit, comme les composés fondamentaux de la chimie organique.

On peut les diviser en deux grandes classes :

1° les carbures d'hydrogène saturés; 2° les carbures incomplets.

La première classe comprend *les carbures forméniques*, qui ne peuvent être modifiés que par substitution et qui répondent à la formule générale

$$C^nH^{2n+2}$$

Exemples :

Formène..............	CH^4
Hydrure d'éthylène.....	C^2H^6
— de propylène...	C^3H^8
— de butylène....	C^4H^{10}
— d'amylène.....	C^5H^{12}
. . . .	. . .
— de mélissène..	$C^{30}H^{62}$

La deuxième classe comprend tous les autres carbures d'hydrogène. On peut les faire dériver des précédents par la perte régulière de n H^2, conformément à la loi de formation des corps isologues. Elle comprend :

1° *Les carbures éthyléniques*, qui ont pour formule générale $C^n H^{2n}$:

L'éthylène.......	C^2H^4
Le propylène....	C^3H^6
Le butylène.....	C^4H^8
L'amylène.......	C^5H^{10}
. . . .	. . .
L'éthalène.......	$C^{16}H^{30}$, etc.

2° *Les carbures acétyléniques*. Formule générale $C^n H^{2n-2}$:

L'acétylène.....	C^2H^2
L'allylène......	C^3H^4
Le crotonylène.	C^4H^6
Le valérylène...	C^5H^8

3° *Les carbures camphéniques*. Ils répondent à la formule générale

$$C^nH^{2n-4}$$

et comprennent l'essence de térébenthine, ainsi que ses nombreux isomères.

4° *Les carbures benzéniques*, représentés par la formule générale C^nH^{2n-6} :

La benzine.....	C^6H^6
La toluène.....	C^7H^8
La xylène......	C^8H^{10}
Le cumolène...	C^9H^{12}
Le cymène.....	$C^{10}H^{14}$

Tous les autres carbures incomplets rentrent dans le même système de classification.

Terminons cet aperçu par une remarque importante. Les carbures d'hydrogène, comme les autres composés organiques, présentent de nombreux cas d'isomérie. Citons un exemple :

Au moyen de la benzine, par le procédé de Fittig et Tollens, on peut fixer successivement 1, 2, 3 molécules de formène sur ce carbure, de manière à obtenir ses homologues supérieurs :

Toluène ou Méthylbenzine.. $C^6H^6 + CH^4 - H^2 = C^6H^5 (CH^4)$
Xylène ou Diméthylbenzine. $C^7H^8 + CH^4 - H^2 = C^7H^6 (CH^4)$

Ce dernier composé est isomérique et non identique avec celui que l'on obtient en faisant réagir la benzine sur l'hydrure d'éthylène naissant :

$$C^6H^6 + C^2H^6 - H^2 = C^6H^4 (C^2C^6)$$

De même, la méthyléthylbenzine,

$$C^6H^4 [C^2H^4 (CH^4)]$$

et la propylbenzine,

$$C^6H^4 (C^3H^8).$$

sont isomériques avec le cumolène ou triméthylbenzine,

$$C^8H^8 (CH^4)$$

ces isoméries s'expriment du reste également bien, et d'une manière très-élégante, dans la théorie atomique.

CHAPITRE III.

DEUXIÈME FONCTION : ALCOOLS.

M. Berthelot partage les alcools en cinq classes :
1re classe. — Alcools proprement dits ou d'oxydation.
2e classe. — Alcools d'hydratation.
3e classe. — Alcools secondaires et tertiaires.
4e classe. — Phénols.
5e classe. — Alcools à fonctions mixtes.

Première classe : Alcools proprement dits.

Les alcools proprement dits peuvent être dérivés des carbures d'hydrogène pas la substitution des éléments de l'eau à un égal volume d'hydrogène. A chaque molécule d'eau introduite répond *une* atomicité d'alcool dans le composé ainsi obtenu. De là, la division des alcools en divers ordres d'après l'atomicité.

Premier ordre. — Alcools monoatomiques. — Cet ordre se subdivise à son tour en familles, conformément à la loi des corps isologues, c'est-à-dire en tenant compte du rapport qui existe entre le carbone et l'hydrogène.

1re *Famille. — Alcools éthyliques.* — $C^nH^{2n}(H^2O) = C^nH^{2n+2}O$, comprenant les espèces suivantes qui sont homologues entre elles :

Alcool méthylique...	CH^4O	$= CH^2 (H^2O)$
— éthylique.....	C^2H^6O	$= C^2H^4 (H^2O)$
— propylique...	C^3H^8O	$= C^3H^6 (H^2O)$
— butylique	$C^4H^{10}O$	$= C^4H^8 (H^2O)$
....		
— mélissique....	$C^{30}H^{62}O$	$= C^{30}H^{60} (H^2O)$.

2e *Famille. — Alcools acétyliques.* — Ils sont isologues avec les précédents, car ils n'en diffèrent que par deux atomes d'hydrogène en moins. Ils répondent donc à la formule générale : $C^nH^{2n-2}(H^2O)$.

L'alcool acétylique...	C^2H^4O	$= C^2H^2 (H^2O)$
— alylique......	C^3H^6O	$= C^3H^4 (H^2O)$
....		
— mentholique.	$C^{10}H^{20}O$	$= C^{10}H^{18} (H^2O)$.

3e *Famille. — Alcools campholiques.* — Ils répondent tous à la même formule générale

$$C^nH^{2n-4} (H^2O),$$

qui comprend de nombreux cas d'isomérie.

4e *Famille. — Alcools.* — $C^n H^{2n-6} (H^2O)$.

5e *Famille. — Alcools benzéniques.* — $C^n H^{2n-8} (H^2O)$ qui dérivent du toluène et de ses homologues supérieurs :

Alcool benzylique....	$C^7 H^8 O$	$= C^7 H^6 (H^2O)$
— toluyque.......	$C^8 H^{10}O$	$= C^8 H^8 (H^2O)$
— cumolique	$C^9 H^{12}O$	$= C^9 H^{10}(H^2O)$
— cyménique....	$C^{10}H^{14}O$	$= C^{10}H^{12}(H^2O)$
....		
— sycocérylique.	$C^{18}H^{30}O$	$= C^{18}H^{28}(H^2O)$

6° *Famille.* — *Alcools cinnaméniques.* — $C^nH^{2n-10}(H^2O)$. Exemples :

Alcool cinnamique... $C^9H^{10}O = C^9H^8(H^2O)$

....

— cholestérique.. $C^{26}H^{44}O = C^{26}H^{42}(H^2O)$

Deuxième ordre. — *Alcools diatomiques.* — Ils résultent de la substitution de 2 molécules d'eau à un volume égal d'hydrogène :

Glycol......	$C^2H^6O = C^2H^2(H^2O)^2$
Propyglycol..	$C^3H^8O^2 = C^3O^4(H^2O)^2$
Butylglycol..	$C^4H^{10}O^2 = C^4H^6(H^2O)^2$
Amylglycol..	$C^5H^{12}O^2 = C^5H^8(H^2O)^2$.

En général, à tout carbure saturé C^nH^{2n+2}, répond un glycol,

$$C^nH^{2n+2}O^2,$$

formé par substitution. À tout carbure C^nH^{2n} répond un glycol,

$$C^nH^{2n-2}(H^2O)^2,$$

qui est isomérique avec le précédent ; ce sont là, à l'exception du glycol ordinaire qui est commun aux deux séries, les glycols décrits en premier lieu par M. Wurtz.

Notons enfin que la théorie indique des alcools mixtes diatomiques, analogues à la fois aux alcools formés par addition et par substitution.

C'est ce que l'on observe précisément parmi les gylcols aromatiques qui peuvent représenter :

1° Des alcools diatomiques normaux ;

2° Des hydrates diatomiques normaux ;

3° Des phénols diatomiques ;

4° Des alcools mixtes, comme la saligénine, qui est

un alcool phénol ; l'alcool anisique qui est à la fois un éther et un alcool monoatomique, etc.

Troisième ordre. — Alcools triatomiques. — Ils sont engendrés par la substitution de trois molécules d'eau à un égal volume d'hydrogène. La glycérine est le type de ces alcools.

Quatrième ordre. — Alcools tétratomiques. — Exemple : l'érythrite,

$$C^4H^{10}O^2 = C^4H^2(H^2O)^4,$$

Cinquième ordre. — Alcools pentatomiques. — Exemples : la pinite et la quercite qui répondent à la même formule,

$$C^6H^{12}O^5 = C^6H^2(H^2O)^5.$$

Sixième ordre. — Alcools hexatomiques. — La mannite,

$$C^6H^2(H^2O)^6,$$

est le type de ces composés qui comprennent également la dulcite, l'isodulcite, la sorbite.

On peut y ranger également les glucoses. La glucose ordinaire cependant, d'après les expériences récentes de M. Colley, serait un alcool pentatomique, en même temps qu'un aldéhyde, à la manière de l'aldol de M. Wurtz qui est un alcool secondaire et un aldéhyde.

Quant aux saccharoses, ce sont des éthers qui jouent le rôle d'alcools polyatomiques.

Deuxième classe : Alcools d'hydratation.

Ils sont isomériques avec les précédents. On les obtient par des méthodes différentes : on ajoute à un carbure d'hydrogène incomplet, ordinairement d'une manière indirecte, les éléments de l'eau, sans qu'il y ait élimination d'hydrogène. Ce sont donc des alcools par addition.

On les divise en ordres, conformément au principe de l'atomicité.

Alcools	d'hydratation	monoatomiques...	$C^nH^{2m} + H^2O$.
—	—	diatomiques......	$C^nH^{2m} + 2\,H^2O$.
—	—	triatomiques......	$C^nH^{2m} + 3\,H^2O$.
—	—	polyatomiques....	$C^nH^{2m} + n\,H^2O$.

Chaque ordre se subdivise à son tour en familles, d'après le rapport qui existe entre le carbone et l'hydrogène et dont les termes sont isomériques avec les termes correspondants des alcools d'oxydation.

Troisième classe : Alcools secondaires et tertiaires.

On sait que les aldéhydes sont des corps incomplets, capables de fixer de l'hydrogène pour reproduire les alcools dont ils dérivent : en remplaçant l'hydrogène par un carbure quelconque, on obtient un alcool secondaire. Exemple :

Adéhyde ordinaire...........	$C^4H^4\,(-)\,O$.
Alcool éthylique...........	$C^4H^4(H^2)O$.
— isopropylique........	$C^4H^4(CH^4)O$.

L'expérience démontre que les alcools secondaires sont, en général, identiques avec les alcools d'hydratation.

D'autre part, les aldéhydes secondaires, qui résultent de ces derniers par perte d'hydrogène, sont des corps incomplets, et, comme tels, peuvent fixer un carbure d'hydrogène, ce qui engendre un alcool tertiaire, etc.

Alcool isopropylique...	$C^2H^4O(CH^4)$
Acétone...............	$C^2H^4O(CH^2—)$
Alcool tertiaire.........	$C^2H^4O(CH^2.CH^4)$

Quatrième classe : Phénols.

Existent naturellement dans plusieurs produits végétaux, notamment dans le goudron de houille. On les obtient synthétiquement au moyen des carbures benzéniques, en substituant à une ou plusieurs molécules d'hydrogène une ou plusieurs molécules d'eau. Il y a donc divers ordres :

1°	Les phénols	monoatomiques.	$C^nH^{2p}O$
2°	—	diatomiques......	$C^nH^{2p}O^2$
3°	—	triatomiques	$C^nH^{2p}O^3$ etc. etc.

Premier ordre. — Il comprend les phénols monotomiques qui, à leur tour, se subdivisent en familles dont la plus importante est celle des phénols benzéniques.

Phénol.............	C^6H^6O
Crésylol...........	C^7H^8O
Phénol phlorilique..	$C^8H^{10}O$
Thymol............	$C^{10}H^{14}O$.

Ajoutons que les phénols présentent des cas d'isomérie curieux, non-seulement entre eux, mais encore avec certains alcools qui dérivent des mêmes carbures par des réactions différentes. Exemple :

L'alcool benzylique............	$C^7H^6(H^2O)$
Les crésylols solides et liquides.	C^7H^8O.

Deuxième ordre. — Comprend des phénols diatomiques que l'on peut obtenir par oxydation indirecte au moyen des précédents. Tels sont :

L'*oxyphénol ou pyrocatéchine,* isomérique avec la résorcine et l'hydroquinon ;

L'oxyphénol toluénique, et ses isomères, comme l'orcine ;

L'eugénol, qui forme la plus grande partie de l'essence de girofles.

Troisième ordre. — Comprend les phénols triatomiques, parmi lesquels je citerai :

Le *pyrogallol,* $C^6H^6O^3$, qui possède un isomère, la phloroglucine.

La *santonine,* $C^{15}H^{18}O^3$, principe cristallisé que l'on retire du semen-contra et qui peut être provisoirement rapproché du phénol.

Quatrième ordre. — On peut y ranger le phénol polyatomique

$$C^{14}H^{10}O^4,$$

auquel on peut rattacher l'alizarine dont la synthèse vient d'être réalisée récemment par MM. Græbe et Liebermann en partant de l'anthracène.

Cinquième classe : Alcools à fonctions mixtes.

Ils dérivent des alcools polyatomiques par des réactions incomplètes. J'ai donné plus haut la liste des principaux d'entre eux. Il est aisé du reste de les faire rentrer dans des cadres réguliers et les rattachant aux alcools dont ils dérivent.

CHAPITRE IV.

TROISIÈME FONCTION : ALDÉHYDES.

Les aldéhydes ou alcools hydrogénés dérivent, comme leur nom l'indique, des alcools par deshydrogénation. On peut de nouveau remonter aux générateurs par fixation d'hydrogène, double propriété qui achève de caractériser la fonction aldéhyde.

M. Berthelot distingue les quatre classes suivantes :

Première classe : Aldéhydes proprement dits.

Deuxième classe : Aldéhydes secondaires.

Troisième classe : Quinons.

Quatrième classe : Aldéhydes à fonctions mixtes.

Première classe : Aldéhydes proprement dits.

Cette classe comprend les aldéhydes qui dérivent des alcools d'oxydation, ou alcools proprement dits. Elle comprend plusieurs ordres d'après l'atomicité de l'alcool générateur : aldéhydes monoatomiques, diatomiques, triatomiques, etc.

Premier ordre. — Aldéhydes monoatomiques. — Les aldéhydes monoatomiques sont rangés en familles, d'après le rapport qui existe entre le carbone et l'hydrogène :

1re *famille* : Comprend les corps qui répondent à la formule $C^n H^{2n} O$:

Aldéhyde	méthylique	CH^2O.
—	éthylique	C^2H^4O.
—	propylique	C^3H^6O.
—	butylique	C^4H^8O.
—	valérique	$C^5H^{10}O$.
—	œnanthylique	$C^7H^{14}O$.
—	caprylique	$C^8H^{16}O$.
—	caprique	$C^{10}H^{20}O$.
—	rutique	$C^{11}H^{22}O$.
—	éthalique	$C^{16}H^{32}O$.

2e *famille*. — Formule générale $C^nH^{2.n-2}O$. Exemple

L'acroléine....... C^3H^4O.

3e *famille*. — Formule générale $C^nH^{2n-4}O$. Exemple :

Le camphre du Japon.... $C^{10}H^{16}O$.

Le camphre du Japon, ou aldéhyde campholique, dérive d'un carbure d'hydrogène incomplet et possède, indépendamment de sa fonction aldéhydique, des propriétés particulières telles, que M. Berthelot a proposé récemment de créer parmi les aldéhydes une nouvelle classe de combinaisons sous le nom de *carbonyles* » (1).

On peut y ranger dès maintenant, outre le camphre ordinaire, l'oxyde d'allylène, ou diméthylène-carbonyle, la diphénylacétone de Fittig et Ostermayer.

Le plus simple de ces composés serait le méthylcarbonyle,

$$C^2H^2O = (CO + CH^2),$$

(1) *Annales de physique et de chimie*, t. 60, p. 127, 1860.

composé que l'on devrait théoriquement obtenir dans l'électrolyse d'un corps présentant la formule d'un acide oxymaléique.

$$C^4H^4O^5 = \begin{cases} \text{Pôle N....} & H^2 \\ \text{— P....} & C^4H^2O^5 = 2\,CO^2 + C^2H^2O. \end{cases}$$

Les carbonyles sont des corps incomplets, et cela, indépendamment de leur fonction d'aldéhyde. En tant qu'aldéhydes, ils se changent en alcools par l'action de l'hydrogène ; mais ils offrent un autre carctère spécial, celui de fixer en outre, et par surcroît, les éléments de l'eau, et même, en principe, tout corps occupant le même volume gazeux.

4e *famille.* — Formule générale : $C^nH^{2n-6}O$.

5e *famille.* — Formule générale : $C^nH^{2n-8}O$. Ex. :

Essence d'amandes amères..	C^7H^6O.
Aldéhyde toluique.........	C^8H^8O.
Cuminal....................	$C^{10}H^{12}O$.

6e *famille.* — Formule générale : $C^nH^{2n-10}O$. Ex. :

Aldéhyde cinnamique......	C^9H^8O.

Deuxième ordre. — Aldéhydes diatomiques. — A chaque alcool diatomique répond naturellement deux aldéhydes : l'un qui possède deux fois la fonction aldéhyde, comme le glyoxal qui dérive normalement du glycol par déshydratation,

$$C^2H^6O^2 - 2\,H^2 = C^2H^2O^2;$$

l'autre, qui dérive par déshydration incomplète d'un alcool diatomique et qui joue, par conséquent, le rôle d'un aldéhyde-alcool. A ce dernier groupe appartiennent, par exemple, l'aldéhyde-salicylique, qui est un aldéhyde-phénol. Le furfurol paraît rentrer dans la même catégorie des composés.

Il existe sans doute aussi des aldéhydes triatomiques, tétratomiques, et, en général, polyatomiques : les uns, à fonction répétée ; les autres, à fonctions multiples. Les corps appartenant à ces catégories, qui pourront être découverts par la suite, viendront naturellement se placer dans les cadres ci-dessus.

Deuxième classe : Aldéhydes secondaires.

Ils dérivent normalement par oxydation des alcools d'hydratation ou des carbures d'hydrogène correspondants. Ils n'engendrent pas d'acides à deux atomes d'oxygène, mais seulement les acides qui renferment un atome de carbone en moins, ce qui les différencie des aldéhydes proprement dits.

Ils comprennent sans doute plusieurs classes qui se partagent en ordres suivant l'atomicité des alcools générateurs, mais on n'a guère étudié jusqu'ici que les composés monoatomiques parmi lesquels je citerai l'acétone et le butyrone.

Troisième classe : Quinons.

Le plus connu des composés de ce groupe est le quinon découvert par Woskresensky en oxydant l'acide quinique. Il joue le rôle d'un aldéhyde, car il peut fixer deux atomes d'hydrogène pour se transformer en hydroquinon, corps qui joue le rôle d'un phénol-alcool.

Citons encore :

L'anthraquinon, obtenu par l'oxydation de l'anthracène ; le naphtoquinon ; le thymoquinon, qui prend naissance par l'oxydation ménagée du thymol.

C'est surtout grâce aux beaux travaux de Grœbe que l'on connait maintenant assez bien les propriétés caractéristiques de tous ces composés. Cependant leur étude complète n'est pas encore faite.

Quatrième classe : Aldéhydes à fonctions mixtes.

Ils dérivent des alcools polyatomiques, et leur mode de formation, ainsi que leur classification, a déjà été exposée précédemment. Il n'y a donc pas lieu d'y revenir ici.

CHAPITRE V.

QUATRIÈME FONCTION : ACIDES ORGANIQUES.

Les acides organiques jouissent des mêmes propriétés fondamentales que les acides minéraux. Comme ces derniers, ils s'unissent aux bases pour former des sels : telle est leur propriété caractéristique.

Mais la présence du carbone, ainsi que celle de l'hydrogène sous deux formes distinctes, donne aux acides organiques des caractères spéciaux qui ont été utilisés pour les classer d'une façon méthodique et systématique.

A l'exemple de M. Berthelot, on peut les partager en deux grands groupes, suivant qu'ils sont doués d'une fonction acide simple ou répétée, ou bien qu'indépendamment de la fonction acide, ils jouent encore le rôle d'alcool, d'aldéhyde, d'éther, de phénol, etc.

Premier groupe : Acides à fonctions simples.

Suivant la proportion d'oxygène qu'ils renferment, laquelle est toujours un multiple de 2, on obtient divers ordres qui comprennent :

1° Des acides monobasiques ;
2° — bibasiques ;
3° — tribasiques, etc., etc.

Premier ordre. — Acides monobasiques à deux atomes d'oxygène. — Ils ne renferment qu'un atome d'hydrogène basique et se divisent en familles, suivant le rapport du carbone à l'hydrogène, et cela, de la même manière que les alcools générateurs.

La plus importante de toutes ces familles est celle qui contient les acides de la série grasse.

1re *famille.* — Acides gras : $C^nH^{n}{}^2O^2$.

Acide formique.......	CH^2O^2
— acétique.......	$C^2H^4O^2$.
— propionique....	$C^3H^6O^2$.
— butyrique......	$C^4H^8O^2$.
....	
— mélissique.....	$C^{30}H^{60}O$.

2e *famille.* — Formule générale : $C^nH^{2n-2}O^2$.

Dérivant par perte de H^2 des acides de la première famille dans lesquels ils se changent par fixation de la même quantité d'hydrogène :

Acide acrylique............	$C^3H^4O^2$.
— crotonique..........	$C^4H^6O^2$.
— angélique	$C^5H^8O^2$.
— pyrotérébique	$C^6H^{10}O^2$.
— campholique.........	$C^{10}H^{18}O^2$.
— oléique et élaidique ..	$C^{18}H^{34}O^2$.

3e *famille.* — Formule générale : C^nH^{-4} O^2. Ex. :

L'acide sorbique....	$C^6H^8O^2$.
— camphique ..	$C^{10}H^{16}O^2$.
— linoléique ...	$C^{16}H^{28}O^2$.

4e *famille.* — Formule générale : $C^nH^{2n-6}O^2$.

5e *famille.* — Acides aromatiques : C^nH^{2n-8},

Acide benzoique...	$C^7H^6O^2$.
— toluique	$C^8H^8O^2$.
— cuminique ..	$C^{10}H^{12}O^2$.

6e *famille.* — $C^nH^{2n-10}O^2$. Exemples :

Acide cinnamique........................	$C^9H^8O^2$.
— pinique, pimarique, sylvique	$C^{20}H^{30}O^2$.

Deuxième ordre. — *Acides bibasiques à quatre atomes d'oxygène.* — Ils sont surtout caractérisés par la propriété de donner deux séries de sels normaux, les uns neutres, les autres acides et monobasiques.

Ils se subdivisent en familles suivant le rapport qui existe entre le carbone et l'hydrogène.

1re *famille.* — Série oxalique, $C^nH^{2n-2}O^4$:

Acide oxalique....	$C^2H^2O^4$.
— malonique..	$C^3H^4O^4$.
— succinique..	$C^4H^6O^4$.
....	
— sébacique...	$C^{10}H^{18}O^4$.

2° *famille.* — Formule générale, $C^nH^{2n-4}O$:

Acide fumarique.... $C^4H^4O^4$.

....

— camphorique... $C^{10}H^{16}O^4$.

3° *famille.* — C^nH^{2n-6}.

4° *famille.* — $C^nH^{2n-10}O^4$. Exemples :

Acides pthalique et isomères... $C^8H^6O^4$.
— uvitique............... $C^9H^8O^4$.

Troisième ordre. — *Acides tribasiques à six atomes d'oxygène.* — A tout alcool triatomique normal

$$C^nH^{2p+2}O^3,$$

doit répondre un acide tribasique simple,

$$C^nH^{2p-4}O^6,$$

lequel doit donner trois séries de sels normaux, d'éthers, de chlorures acides, d'amides, etc. Mais les acides de cette espèce, connus avec certitude, sont encore peu nombreux :

1° L'acide carballylique $C^6H^8O^6$.
2° L'acide aconitique.. $C^6H^6O^6$.
3° L'acide trimésique.. $C^9H^6O^6$,

Parmi les acides à fonctions simples répétées d'un ordre supérieur aux précédents, on ne connaît guère que l'acide mellique qui est sébasique,

$$C^{12}H^6O^{12}.$$

Deuxième groupe : Acides à fonction complexe.

Les acides à fonction complexe dérivent naturellement des alcools polybasiques. On peut les diviser en ordres, d'après l'atomicité de l'alcool générateur, chaque ordre comprenant à son tour des acides-alcools, des acides-aldéhydes, des acides-éthers. Ceux qui découlent d'un alcool diatomique ne peuvent être que monobasiques. Voici l'énumération des principaux d'entre eux.

Premier ordre. — Acides dérivés des alcools diatomiques. — Comprend plusieurs familles établies conformément à la loi des corps isologues.

1re *famille.* — $C^nH^{2n}O^3$:

Acide carbonique (sels).......	$C^2M^2O^3$
— glycolique.............	$C^2H^4O^2$
— lactique et isomères....	$C^3H^6O^3$
— Oxybutyriques.........	$C^4H^8O^3$
— Leucique	$C^6H^{12}O^3$.

2e *famille* $C^nH^{2n-2}O^3$. Exemples :

Acide oxyglycolique......	$C^2H^2O^3$.
— pyruvique.........	$C^3H^4O^3$.

Parmi les autres familles, je signalerai seulement la cinquième qui renferme des acides de la série aromatique, répondant à la formule $C^nH^{2n-8}O^3$:

1° Les acides oxybenzoïque et paraoxybenzoïque, acides-alcools qui sont isomères avec l'acide salicylique ;

2° Les acides oxytoluiques (acides-alcools, acides-phénols), isomères avec l'acide anisique qui est un acide éther ;

3° L'acide phlorétique et ses isomères ;

4° L'acide oxycuminique et ses isomères.

Deuxième ordre. — Acides dérivés des alcools triatomiques. — Il renferme :

1° *Des acides monobasiques*, qui jouent en même temps le rôle d'alcools diatomiques, d'aldéhydes diatomiques, d'alcools-aldéhydes, d'éthers, d'éthers-aldéhydes, etc.

Citons comme exemples :

L'acide glycérique, acide-alcool. $C^3H^6O^4 = C^3H^2(H^2O)(H^2O)(O^2)$.
L'acide oxysalicylique et isomères...... $C^7H^6O^4$
L'acide choloidique et l'acide hyocholalique, etc.

Troisième ordre. — Acides dérivés des alcools tétratomiques. — On peut les classer conformément aux principes précédents :

Les uns, *monobasiques*, renfermant cinq atomes d'oxygène comme l'acide érythrique $C^4H^8O^5$ qui est un acide-alcool ; l'acide opianique qui est un acide-éther $C^{10}H^{10}O^5$, etc ;

Les autres, *bibasiques*, qui sont en même temps des alcools diatomiques, des aldéhydes, des éthers, etc., renfermant six atomes d'oxygène. Tels sont :

L'acide tartrique et ses isomères (acides-alcools) $C^4H^6O^6$.
— quinique........................... $C^7H^{12}O^6$.
— Hémipinique........................ $C^{10}H^{10}O^7$.

D'autres enfin sont *tribasiques*, à sept atomes d'oxygène, et jouent simultanément le rôle d'alcool monoatomique, d'aldéhyde, d'éther, etc. Exemples :

L'acide citrique (acide-alcool)................ $C^6H^8O^7$.
— Méconique........................... $C^7H^4O^7$.

Ces acides peuvent perdre une molécule d'eau en fournissant des acides nouveaux de même basicité ; mais s'ils perdent une molécule d'acide carbonique, ils produisent des acides bibasiques, etc.

Dans ce deuxième groupe des acides à fonction

complexe, mais appartenant à un ordre plus élevé que les précédents, citons encore :

Les acides mucique et saccharique... $C^6H^{10}O^8$.
L'acide désoxalique .... $C^5H^6O^8$.

D'après ce qui précède, on voit que la notion sur laquelle repose la classification des acides à fonction complexe est très-simple. Mais le nombre de composés qui appartient à cette catégorie est considérable. Ce qui leur donne une importance spéciale, c'est qu'on les rencontre surtout parmi les produits qui font partie du domaine de la chimie physiologique.

CHAPITRE VI.

CINQUIÈME FONCTION : ÉTHERS.

On a longtemps divisé les éthers en trois genres d'après leur composition :

1° Les acides du *premier genre*, qui ne contenaient aucune portion de l'acide minéral (sulfurique, phosphorique, arsénique, etc.), ayant servi à les former. En réalité, ce genre ne comprenait que l'éther ordinaire des pharmaciens.

2° Les éthers du *deuxième genre*, obtenus au moyen des hydracides.

3° Les éthers du *troisième genre*, formés par la combinaison des alcools avec les oxacides.

« La classification précédente, dit Soubeiran, dans

son excellent traité de pharmacie, est l'expression des faits, et sous ce point de vue, elle est assise sur de bonnes bases. L'incertitude ne commence que lorsque l'on veut se rendre compte de la manière dont les éléments sont combinés » (1).

[Cependant, la découverte des éthers mixtes par M. Williamson est venue renverser la théorie ancienne de l'éther ordinaire et donner à la théorie de l'éthérification sa véritable signification.

Aussi, aujourd'hui, les éthers proprement dits sont-ils avec raison divisés en trois grands groupes d'après la nature de leurs générateurs.

Le premier groupe comprend ceux qui sont formés par l'union d'un alcool et d'un acide, avec élimination des éléments de l'eau ; ce sont les *éthers composés*, comprenant les acides du deuxième et du troisième genre de la classification précédente.

Dans le second groupe viennent se ranger les corps qui résultent de la combinaison réciproque des alcools entre eux, avec séparation des éléments de l'eau ; ce sont les *éthers mixtes*.

Enfin dans le troisième, ceux qui résultent de l'union des alcools avec les aldéhydes, également avec séparation d'eau. Exemple : l'*acétal*,

$$C^2H^4 + 2\,C^2H^6O - H^2O = [C^2H^4O(C^2H^4, C^2H^6O)].$$

Pour les éthers composés, il y a lieu d'établir plusieurs séries suivant la basicité de l'alcool générateur : ils peuvent, en effet, résulter de la combi-

(1) Traité de pharmacie théorique et pratique, 4e édit., t. II, page 557.

naison d'un alcool monoatomique ou polyatomique avec des acides monobasiques, bibasiques, tribasiques, etc. Soient les alcools monoatomiques. Ils peuvent se combiner :

1° Avec un *acide monobasique*. On obtient un seul éther neutre. Exemple :

L'éther formique,

$$C^2H^4(H^2O) + CH^2O^2 = H^2O + C^2H^4(H^2O^2),$$

isomérique avec l'acide propionique et avec l'acide éthylformique.

2° Avec les *acides bibasiques*. Formation de deux éthers distincts, l'un neutre ; l'autre acide, jouant le rôle d'un acide monoatomique. Exemples :

1° L'éther sulfurique neutre,

$$2\,C^2H^4(H^2O) + SH^2O^4 = 2\,H^2O + \left.\begin{matrix}C^2H^4\\C^2H^4\end{matrix}\right\}SH^2O^4;$$

2° L'acide éthylsulfurique (acide monobasique),

$$C^2H^4(H^2O) + SH^2O^4 = H^2O + C^2H^4(SH^2O^4),$$

3° Avec les *acides tribasiques*. Formation de trois composés distincts, dont deux acides, le troisième neutre. Exemple :

L'acide éthylphosphorique (bibasique)..	$C^2H^4(PhH^3O^4)$
L'acide diétylphosphorique (monobasique).	$\left.\begin{matrix}C^2H^4\\C^2H^4\end{matrix}\right\}PhH^3O^4$
L'éther phosphorique neutre.............	$\left.\begin{matrix}C^2H^4\\C^2H^4\\C^2H^4\end{matrix}\right\}PhH^3O^4.$

Les alcools polyatomiques donnent lieu avec les acides à des combinaisons analogues, mais beaucoup plus variées. La théorie générale de cette formation a été précédemment exposée.

Les éthers mixtes comprennent, comme cas particulier, l'éther ordinaire (et ses analogues) qui résulte de la combinaison de deux molécules d'alcool éthylique avec séparation d'une molécule d'eau :

$$C^2H^6O + C^2H^4(H^2O) = H^2O + C^2H^4(C^2H^6O).$$

J'ajoute enfin qu'on a encore désigné sous le nom d'éthers les oxydes des radicaux des alcools polyatomiques, comme l'oxyde d'éthylène; mais ces corps dérivent des alcools correspondants par simple déshydratation et diffèrent par leur composition, comme par leurs propriétés, des éthers proprement dits.

CHAPITRE VII.

SIXIÈME FONCTION : ALCALIS ORGANIQUES.

Les alcalis organiques sont des corps formés par l'union de l'ammoniaque avec les alcools ou les aldéhydes. Ils renferment donc de l'azote au nombre de leurs éléments, caractère qui leur est commun avec les amides.

Leur caractère fondamental est celui-ci : ils s'unissent aux acides, comme l'ammoniaque, de manière à donner naissance à des sels analogues aux sels ammoniacaux. Ce sont les éthers ammoniacaux des alcools.

Leur classification répond à celle des alcools. Ils peuvent être divisés en deux groupes suivant qu'ils dérivent des alcools mono ou polyatomiques ; chaque groupe comprenant : des alcalis primaires, secondaires, tertiaires et quaternaires.

Premier groupe : Alcalis dérivés des alcools monoatomiques.

Alcalis primaires. — Engendrés par la substitution de l'ammoniaque aux éléments de l'eau dans les alcools.

1re *famille.* Formule générale $C^nH^{2n+3}Az$:

Méthylammine.....	$CH^5Az = CH^2 (AzH^3)$
Ethylammine.	$C^2H^7Az = C^2H^4 (AzH^3)$
Propylammine......	$C^3H^9Az = C^3H^6 (AzH^3)$
Butylammine.......	$C^4H^{11}Az = C^4H^8 (AzH^3)$
Amylammine.......	$C^5H^{13}Az = C^5H^{10}(AzH^3)$
....	....
Caprylammine......	$C^8 H^{19}Az = C^8 H^{16}(AzH^3)$
Ethalammine.......	$C^{16}H^{35}Az = C^{16}H^{32}(AzH^3)$

Les alcools d'hydratation fournissent des alcools isomères, ainsi que cela résulte encore des recherches de M. Wurtz.

2e *famille.* $C^nH^{n+1}Az$:

Acétylammine....	$C^2H^5Az = C^2H^2(AzH^3)$
Allylamine.......	$C^3H^7Az = C^3H^4(AzH^3)$

Citons encore les alcalis de la cinquième famille qui appartiennent à la série aromatique :

Phénolamine (Aniline).....	$C^6H^7 Az$
Benzylammine (et isomères).	$C^7H^9 Az$
Xydalimmine (et isomères).	$C^8H^{11}Az$
Cumolammine (et isomères).	$C^9H^{13}Az$

Il est à peine nécessaire d'ajouter que les phénols et leurs isomères fournissent des alcalis isomères et qu'il en est de même de ceux qui dérivent des carbures complexes, suivant que la substitution a lieu dans l'un ou l'autre des carbures générateurs.

Alcalis secondaires. — En remplaçant dans un alcool les éléments de l'eau par ceux d'un alcali primaire, on obtient un alcali secondaire qui dérive, en définitive, de deux molécules alcooliques identiques ou dissemblables :

Méthyléthylammine... $C^2H^4(CH^5Az)$
Diéthylammine....... $C^2H^4(C^2H^7Az)$

Alcalis tertiaires. — Remplace-t-on les éléments de l'eau de l'alcool par un alcali secondaire, on obtient un alcali tertiaire, lequel résulte alors de la combinaison de l'ammoniaque avec trois molécules d'alcool identiques ou dissemblables, et en même temps élimination de trois molécules d'eau. Exemples : Triméthylammine, méthyldiéthylammine, méthyléthylamylammine, etc.

Alcalis quaternaires. — La réaction fondamentale répétée une quatrième fois réussit encore. Mais on obtient, cette fois, une base oxygénée comparable aux alcalis minéraux, à la potasse caustique par exemple.

Elle dérive non plus de l'ammoniaque, comme les corps compris dans les trois sections précédentes, mais de l'oxyde d'ammonium.

$$AzH^4. OH,$$

lequel est ici combiné à quatre molécules d'alcool, avec élimination de quatre molécules d'eau :

On peut ici, bien entendu, prendre non-seulement

quatre molécules d'un même alcool, mais encore des molécules appartenant à des alcools différents, ce qui donne naturellement naissance à une multitude de combinaisons organiques.

Il y a plus. Les hydrures analogues à l'ammoniaque, tels que l'hydrogène phosphoré PhH^3, l'hydrogène antimonié SbH^3 etc., engendrent des séries d'alcalis phosphorés, arseniés, stibiés, etc., entièrement parallèles aux précédentes.

Deuxième groupe : Alcalis dérivés des alcools polyatomiques.

Leur classification, quoique compliquée en apparence. est en réalité très-simple.

Soit, comme exemple, un alcool diatomique. Pour épuiser sa capacité de saturation, il lui faut deux molécules d'ammoniaque qui pourront se combiner :

1° Avec une molécule d'alcool (alcalis primaires biammoniacaux) ;

2° Avec deux molécules d'alcool (alcalis secondaires biammoniacaux) ;

3° Avec trois molécules d'alcool (alcalis tertiaires biammoniacaux) ;

4° Avec quatre molécules d'alcool (alcalis de la 4e espèce, biammoniacaux).

Il est entendu que, dans tous les cas, il y a élimination des éléments de l'eau, conformément à la théorie générale; que l'on pourra faire entrer en réaction deux alcools diatomiques dissemblables dans la formation des alcalis secondaires, etc., etc.

De même, au lieu de faire entrer en combinaison deux molécules d'ammoniaque pour obtenir des composés normaux, on pourra n'en faire réagir qu'une seule, ce qui engendrera des composés ammoniacaux, jouant simultanément le rôle d'alcool monoatomique, d'éther, d'aldéhyde, d'acide. Ainsi, avec le glycol, on peut obtenir les composés suivants

Glycol...............	C^2H^2 (H^2O) (H^2O)
Alcoli-alcool.........	C^2H^2 (H^2O) (AzH^3)
Alcoli-éther.........	$C^2H^2(CH^2O^2)$ (AzH^2)
Alcoli-acide.........	C^2H^2 (O^2) (AzH^3).

Ce dernier composé n'est autre chose que la glycollammine, à côté de laquelle viennent se placer divers homologues, tels que :

L'alanine (Lactammine)...	C^3H^4 (O^2) (AzH^3).
L'oxybutyrammine.......	C^4H^6 (O^2) (AzH^3)
L'oxyvalérammine.......	C^5H^8 (O^2) (AzH^3)
La leucine..............	$C^6H^{10}(O^2)$ (AzH^3).

De ces combinaisons, on peut rapprocher :

L'oxybenzammine que l'acide nitreux change en acide oxybenzoïque;

La salicylammine ou acide anthranilique, isomère avec la précédente, et que la chaleur décompose en acide carbonique et en aniline ;

La tyrosine, qui se forme en même temps que la leucine dans la décomposition de la plupart des matières organiques azotées, etc.

La synthèse des alcalis naturels repose sur la détermination exacte de leurs générateurs ; elle ne pourra être entreprise avec quelque chance de succès, que par l'application méthodique des principes dé la théorie qui vient d'être développée.

CHAPITRE VIII.

SEPTIÈME FONCTION : AMIDES

Les amides sont des corps azotés qui résultent de l'union de l'ammoniaque avec les acides et éliminations des éléments de l'eau.

Par extension, on désigne également sous ce nom des combinaisons de l'ammoniaque avec les aldéhydes, ainsi que celles qui résultent de l'action des alcalis hydrogénés où même des amides plus simples soit avec les acides, soit avec les aldéhydes.

Leur classification peut être calquée sur celle des acides ; aussi est-il inutile d'y insister longuement.

Il y a lieu de distinguer les combinaisons de l'ammoniaque :

1° Avec les acides *monobasiques*, à fonction simple, ce qui fournit un *amide* ou un *nitryle*, suivant qu'il y a séparation de *une* ou de *deux* molécules d'eau. Exemple :

Formamide.. .... $CH^2O^2AzH^3 - H^2O = CH^3AzO$.
Formonitryle (acide cyanhydr.) $CH^2O^2AzH^3 - 2H^2O = CHAz$.

L'ammoniaque, en temps que molécule triatomique, peut s'unir à *une*, *deux*, *trois* molécules d'alcool, comme nous l'avons vu précédement ; semblablement, elle peut s'unir encore à *deux, trois molécules acides*, ce qui donne naissance à des amides *secondaires et tertiaires*, les acides pouvant être identiques ou différents.

2° Avec les acides *bibasiques*, à fonction simple, ce qui fournit deux nouvelles séries d'amides : amides normaux ou *biammoniacaux*, amides *monoammoniacaux* ces derniers jouant le rôle d'acides monobasiques.

3° Avec les acides *tribasiques*, à fonction simple; d'où résultent : des amides neutres, *triammoniacaux* primaires, secondaires et tertiaires; des amides *biammoniacaux*, jouant le rôle d'acides monobasiques ; des amides *monoammoniacaux*, jouant le rôle d'acides bibasiques.

4° Avec les acides *à fonctions complexes*. D'où résultent des composés fort compliqués dont il est plus facile de concevoir la théorie que d'en donner une énumération complète.

Les mêmes principes de classification s'appliquent, en général, aux *alcalamides*, c'est-à-dire aux amides dérivés des alcalis hydrogénés. On peut les diviser en monalcalamides, dialcalamides, trialcalamides, etc., suivant qu'ils dérivent d'une, de deux, de trois ou d'un plus grand nombre encore de molécules d'ammoniaque.

Ce qui donne aux alcalamides une importance particulière, c'est qu'on en retrouve un certain nombre dans l'économie vivante, notamment dans les produits d'excrétion, comme la bile et l'urine, ce qui semble indiquer que ces corps sont des produits intermédiaires qui résultent de la destruction graduelle des matières albuminoïdes. Citons un exemple.

L'acide cholique de Demarcay, glycocholique de Lehmann, donne sous l'influence des acides ou des alcalis de l'acide cholalique et de la glycollâmmine, avec fixation des éléments de l'eau ; on peut donc considérer ce corps comme un alcalamide, plus exactement comme un amide cholalique :

$$C^2H^5AzO^2 + C^{24}H^{40}AzO^5 = H^2O + C^{24}H^{38}AzO^4\,(C^2H^5AzO^2),$$

Ce corps est donc comparable au singulier composé organique azoté que l'on trouve dans l'urine des herbivores, l'acide hippurique, lequel résulte de l'union de l'acide benzoïque et de la même glycollammine, avec élimination d'une molécule d'eau :

$$C^2H^5AzO^2 + C^7H^6O^2 - H^2O = C^7H^4O(C^2H^5AzO^2).$$

Enfin, à côté de ces amides complexes, viennent se placer les *matières albuminoïdes* dont le rôle est si important dans l'économie vivante, mais dont les véritables générateurs, malgré les persévérantes recherches dont elles ont été l'objet, sont encore peu connus. Espérons que les consciencieuses recherches de M. Schützenberger auront pour résultat de fixer, d'une manière définitive, la constitution de l'albumine et de ses congénères.

CHAPITRE IX.

HUITIÈME FONCTION : RADICAUX MÉTALLIQUES COMPOSÉS.

Les radicaux métalliques composés constituent la huitième et dernière fonction.

On peut les considérer comme des dérivés éthérés alcooliques. Leur caractère fondamental, c'est, en général, de jouer un rôle analogue à celui des métaux qui font partie intégrante de leur molécule.

M. Berthelot les divise en deux séries, suivant qu'ils dérivent d'un hydrure métallique ou d'un carbure d'hydrogène.

Première série.

A tout métal répond un hydrure, réel ou hypothétique, renfermant *n* atomes d'hydrogène : qu'on le combine avec *une*, *deux*, *trois*... *n* molécules d'alcool, avec séparation de *une*, *deux*, *trois*... *n* molécules d'eau, on aura les radicaux métalliques. A ce point de vue, ce sont donc les éthers des hydrures métalliques.

Indépendamment de leur rôle de radicaux, ils peuvent parfois se comporter comme des alcalis, c'est-à-dire se combiner aux acides. Tel est le cas de la triéthylphosphine qui peut se combiner, non-seulement à un atome d'oxygène, mais encore à l'acide chlorhydrique, de manière à jouer, par conséquent, le rôle d'un radical alcali :

Triéthylphosphine....................	Ph $(C^2H^5)^3$
Oxyde de triéthylphosphine..........	$PhO(C^2H^5)^3$
Chlorhydrate de triéthylphosphine....	Ph $(C^2H^5)^3HCl$.

Au point de vue de la nature de la molécule, il y a lieu de distinguer les radicaux composés à molécules saturées ou incomplètes.

De même, par exemple, qu'il existe deux chlorures d'étain

$$SnCl^2, SnCl^4,$$

De même, il existe deux stannéthyles correspondants :

$$Sn(C^2H^5)^2, Sn (C^2H^5)^4.$$

Le second de ces composés est saturé, c'est-à-dire qu'il ne peut se modifier que par substitution. Le premier est incomplet, et, à ce titre, peut fixer une molécule quelconque, par exemple, deux atomes de chlore :

$$Sn(C^2H^5)^2 Cl^2.$$

Deuxième série.

Elle comprend des composés singuliers qui ont été découverts par M. Berthelot, à la suite de ses études classiques sur l'acétylène.

« L'acétylène forme avec les métaux, dit M. Berthelot, des composés nombreux et remarquables. Les uns résultent de la substitution des métaux alcalins à l'hydrogène ; ce sont des acétylures :

Acétylure monosodique...	C^2HNa
— disodique.....	C^2Na^2

Les autres dérivent des métaux proprement dits, par substitution du métal à l'hydrogène et addition simultanée des éléments d'un oxyde métallique, ou d'un chlorure, d'un bromure; d'un iodure, etc. : ce sont les véritables oxydes et les sels de certains radicaux métalliques composés qui dérivent de l'acétylène. » (1).

Oxyde d'argentacétyle,.	$(C^2HAg^2)^2O$.
Chlorure —	$(C^2HAg^2)^2Cl^2$.
Sulfate —	$(C^2HAg^2)^2SO^3$.
Oxyde de cuprosacétyle.	$(C^2HCu^2)^2O$.
Chlorure —	$(C^2HCu^2)^2Cl^2$.
Bromure —	$(C^2HCu^2)^2Br^2$.
Iodure —	$(C^2HCu^2)^2I^2$.

Ainsi les combinaisons cuivreuses dérivent d'un radical particulier, le cuprosacétyle,

$$(C^2HCu^2)^2,$$

auquel correspond un oxyde, un chlorure, un bromure, un iodure, un sulfure, un sulfate, un sulfite, etc.

M. Berthelot a également obtenu des dérivés que l'on peut rattacher au cuprosallyle et à l'argentallyle, au mercuracétyle, à l'aurosacétyle, etc.

Tous ces radicaux dérivent théoriquement d'un hydrure carboné, par substitution métallique du cuivre, de l'argent, du mercure, etc., à l'hydrogène :

Acétyle........	$(C^2H^2.H)^2$.
Cuprosacétyle..	$(C^2H.CuCu)^2$
Argentacétyle..	$(C^2H.AgAg)^2$, etc., etc.

Et si l'acétylène présente ainsi la propriété de

(1) Traité élémentaire de chimie organique, p. 40, 1872.

s'unir par voie d'addition à des sels métalliques, cela tient sans doute au caractère incomplet de la molécule :

$C^2H^2 + H^2 = C^2H^4$ .... Ethylèna,
$C^2H^2 + HCl = C^2H^2.ClH$ .... Chlorhydrate d'acétylène.
$C^2HAg + AgCl = (C^2HAg.Ag)Cl$ .... Chlorure d'argentacétyle.

CHAPITRE X.

COUP D'ŒIL GÉNÉRAL SUR LES PRINCIPES DE CLASSIFICATION DES SUBSTANCES ORGANIQUES DEPUIS LAVOISIER JUSQU'A NOS JOURS.

Arrivé au terme de cette exposition, il convient de jeter un coup d'œil en arrière, et de rappeler succinctement comment la classification des substances organiques a été comprise depuis le commencement de la chimie organique jusqu'à nos jours.

A l'origine, nous voyons que les premiers essais de classification, ont pour point de départ, la fonction chimique. Céla était d'autant plus naturel que des admirables recherches de Scheele découlait une méthode générale pour préparer les acides organiques, corps qui sont, au point de vue de la fonction, entièrement comparables aux acides minéraux. D'autre part, on a vu l'importance que Lavoisier attribuait à l'oxygène pour tout réduire, en dernière analyse, à l'état d'acide organique, par l'addition d'une quantité suffisante de cet élément.

La découverte des alcalis organiques, qui date du

commencement de ce siècle, est venue révéler une autre fonction, comparable à celle que remplit l'ammoniaque. Mais, il faut bien le dire, en dehors des fonctions *acide* et *alcaline*, les autres fonctions organiques étaient mal connues, et par suite fixèrent peu l'attention des chimistes. Aussi, voyons-nous Gay-Lussac et Thénard se borner à diviser les composés organiques en *acides*, *alcalis*, *corps neutres ou indifférents*.

Les recherches fondamentales de Liebig, de Dumas, de Laurent, ont ensuite donné lieu à des théories partielles que Gerhardt, avec son puissant génie, a généralisées en les subordonnant à la notion de série.

Gerhardt put édifier complètement son système en mettant à profit, tant ses recherches personnelles, celles qui ont trait aux acides anhydres, par exemple, qu'en utilisant les travaux des Williamson, des Wurtz, des Hofmann, des Cahours, des Frankland, et de tant d'autres chimistes qui ont illustré la science à son époque.

Des découvertes brillantes et nombreuses, notamment celles qui sont relatives aux alcools méthylique, éthalique, amylique, bientôt suivies de celles des alcools cérotique, mélissique, propylique, butylique et caprylique par MM. Brodie, Chancel, Wurtz et Bouis, ont donné une base solide à la classification sériaire, car tous ces corps sont homologues, pouvant être représentés par les éléments de l'eau unis à divers carbures d'hydrogène, dont la composition centésimale est la même que celle du gaz oléfiant Jusque là rien de mieux.

Mais Gerhardt, plus porté par tempérament à dominer son sujet qu'à le creuser, est allé trop loin, lorsque, poussant dans ses dernières limites les principes de sa classification sériaire, il crut devoir ramener les formules de tous les corps organiques à quatre FORMULES-TYPES l'*eau*, l'*acide chlorhydrique*, l'*ammoniaque* et l'*hydrogène*.

A la vérité, ces types n'étaient pas choisis sans habileté; ils s'adaptent merveilleusement à plusieurs groupes de composés qu'ils permettent, jusqu'à un certain point, de classer méthodiquement, notamment aux composés volatils. Mais ils ne s'appliquent en réalité, si ce n'est par une exagération symbolique, ni aux phénomènes d'isomérie, ni aux principes les plus essentiels de l'économie vivante, tels que les matières sucrées, les principes amylacés, les substances albuminoïdes.

Cette impuissance ou cette insuffisance était si manifeste que l'on a cherché bientôt à subordonner la théorie des types, à un principe plus général : « que si nous voulons exprimer en traits généraux, dit M. Wurtz, les relations qui existent entre les corps, dirons-nous encore avec Gerhardt, que tous doivent être comparés à trois ou quatre substances choisies comme types et pouvant se modifier indéfiniment par voie de substitution ? Non ; nous pouvons remonter à un principe supérieur. » (1)

(1) Wurtz. Leçons de philosophie chimique, p. 220, 1864.

Ce principe supérieur, c'est celui de l'atomicité des éléments : il y a un type *eau*, parce qu'il existe un élément diatomique *oxygène* ; un type *ammoniaque*, parce qu'il existe un élément triatomique *azote*, etc., etc.

Malheureusement, et cela est incontestable, car c'est un fait d'expérience, un élément à une atomicité qui varie suivant la nature des corps avec lesquels il entre en combinaison. Il est donc logique d'en conclure que ces rapports de combinaison ne préexistent pas dans les corps simples libres, mais se manifestent au moment même où les éléments se combinent pour former les corps composés.

On peut conjecturer, dans l'état actuel de la science, que ces rapports sont en corrélation avec les phénomènes thermiques qui se produisent lors de la combinaison. L'expérience démontre qu'un seul atome d'hydrogène (en prenant ici le mot atome dans un sens relatif) s'unit à un seul atome de chlore pour former l'acide chlorhydrique, tandis que deux atomes d'hydrogène sont nécessaires pour fixer un atome d'oxygène, etc. ; mais dans ces réactions, il y a perte de force vive, ce qui se traduit, dans le cas actuel, par un dégagement de chaleur ; c'est pour ne pas tenir compte, à mon sens, de ces phénomènes fondamentaux que la théorie atomique s'est enfermée dans un cercle étroit dont elle ne peut sortir sans abandonner au fond la base théorique de son système. En effet, au point de vue de la mécanique moléculaire, la théorie atomique, sous sa forme actuelle, présente des difficultés qui ne peuvent être levées qu'à la condition de modifier profondément les principes fondamentaux et les hypothèses sur lesquels elle repose.

En présence de ces difficultés, faut-il s'étonner de voir M. Berthelot, revenir à la notion de la fonction chimique et en faire la base fondamentale de tout son système de classification chimique? Il a pu le faire d'une façon plus exacte et plus complète que ses devanciers, grâce aux travaux de Graham, de Liebig, de M. Wurtz sur la basicité des acides, à ses propres travaux sur la triatomicité de la glycérine, à la synthèse des glycols, caractérisés par M. Wurtz comme des alcools diatomiques, etc. Ces nouvelles et brillantes découvertes ont une portée fondamentale, comme principe de classification, car elles ont établi clairement dans la science, la notion de la fonction simple, de la fonction répétée et des fonctions mixtes.

Examinant dans leur ensemble tous les corps organiques, M. Berthelot a établi huit fonctions chimiques qui constituent les vrais types des composés organiques. Cette classification peut, sans doute, par suite des progrès de la science, être élargie, agrandie : elle ne peut être amoindrie, parce qu'elle repose sur la réalité des choses : « la classi-
« fication que je propose, embrassant pour la pre-
« mière fois toute la science et tous les composés dans
« un même principe, permet de formuler les lois
« générales de composition, les procédés généraux

« de formation et de réactions. Elle y parvient avec « plus de clarté et de simplicité, à mon avis, « qu'aucune division fondée sur des principes diffé- « rents, tels que l'emploi systématique des séries « homologues, ou l'histoire séparée de chaque série « organique, présentée comme un ensemble homo- « gène.

« Entre ces huit fonctions, il en est deux qui « caractérisent plus spécialement la chimie oagani- « que : ce sont les carbures d'hydrogène et les alcools. « Ces corps une fois obtenus, il est aisé de former les « six autres fonctions par des méthodes régulières »(1).

(1) La synthèse chimique, p. 216, 1876.

TABLE DES MATIÈRES.

Paris. A. PARENT, imprimeur de la Faculté de Médecine, rue M^r-le-Prince 31.

ANDOUARD. **Nouveaux éléments de pharmacie,** par ANDOUARD, professeur à l'École de médecine de Nantes. 1874, 1 vol. in-8 de 880 pages avec 120 figures. 14 fr.

BENOIT (E.). **Traité élémentaire et pratique des manipulations chimiques,** et de l'emploi du chalumeau, suivi d'un dictionnaire descriptif des produits de l'industrie susceptibles d'être analysés. 1854, 1 vol. in-8, 444 pages. 3 fr.

BERNARD. **Leçons sur la chaleur animale.** sur les effets de la chaleur et sur la fièvre. 1876, in-8 avec fig. 7 fr.

BRUCKE. **Des couleurs** au point de vue physique, physiologique, artistique et industriel, par Ernest BRUCKE professeur à l'Université de Vienne. 1866, 1 vol. in-18 jésus de 344 pages avec 47 fig. 4 fr.

BUIGNET. **Manipulations de physique,** cours de travaux pratiques professés à l'École de pharmacie, par H. BUIGNET, professeur à l'École de de pharmacie, membre de l'Académie de médecine. 1 vol grand in-8 avec 250 figures.

CHEVREUL. **Des couleurs et de leurs applications aux arts industriels** à l'aide des cercles chromatiques. 1864, in-f° avec 27 planches colorées. Cartonné 55 fr.

FERRAND (E.) **Aide-mémoire de pharmacie,** vade mecum du pharmacien à l'officine et au laboratoire. 1873, 1 vol. in-18 jésus de XII-688 pages avec 184 figures. Cartonné. 6 fr.

LEFORT (Jules). **Traité de chimie hydrologique** comprenant des notions générales d'hydrologie et l'analyse chimique des eaux minérales. *Deuxième édition.* 1873, 1 vol. in-8, 798 pages avec 50 figures et 1 planche chromolithographiée. 12 fr.

MOITESSIER **La photographie appliquée aux recherches micrographiques,** par A. MOITESSIER, professeur à la Faculté de médecine de Montpellier. 1866, 1 vol. in-18 jésus, 340 pages avec 30 figures et 3 planches photographiées. 7 fr.

PIESSE. **Des odeurs, des parfums et des cosmétiques,** histoire naturelle, composition chimique, préparation, recettes, industrie, effets physiologiques et hygiène, par S. PIESSE, chimiste-parfumeur à Londres, édition française, par O. REVEIL, 1865, in-18 jésus de 527 pages avec 86 figures. 7 fr.

POGGIALE. **Traité d'analyse chimique** par la méthode des volumes, comprenant l'analyse des gaz et des métaux, la chlorométrie, la sulfhydrométrie, l'acidimétrie, l'alcalimétrie, la saccharimétrie, etc., par A.-B. POGGIALE, professeur à l'École du Val-de Grâce, 1858, in-8 de 606 pages avec 171 figures. 9 fr.

RASPAIL. **Nouveau système de chimie organique,** fondé sur les nouvelles méthodes d'observations. *Deuxième édition,* 1838, 3 vol. in-8 et atlas in-4 de 20 planches. 30 fr.

SOUBEIRAN. **Nouveau dictionnaire des falsifications** et des altérations des aliments, des médicaments et de quelques produits employés dans les arts, l'industrie et l'économie domestique, exposé des moyens scientifiques et pratiques d'en reconnaître le degré de pureté, l'état de conservation, de constater les fraudes dont ils sont l'objet, par J. Léon SOUBEIRAN, professeur à l'École de pharmacie de Montpellier. 1874. 1 beau vol. gr. in-8 de 640 pages, avec 218 figures. Cart. 14 fr.

WALKER. **Manipulations électro-typiques ou traité de galvanoplastie.** *Septième édition.* 1866, in-18 jésus, XII-184 pages avec fig. 2 fr.

WUNDT. **Traité élémentaire de physique médicale,** par le docteur WUNDT, professeur à l'Université de Heidelberg, traduit par le docteur Ferd. Monoyer, professeur agrégé à la Faculté de médecine de Nancy. 1871, 1 vol. in-8 de 704 pages avec 396 figures y compris 1 planche en chromolith. 12 fr.

Paris. — . PARENT, imprimeur de la Faculté de Médecine, rue M.-le-Prince, 31.

www.ingramcontent.com/pod-product-compliance
Ingram Content Group UK Ltd.
Pitfield, Milton Keynes, MK11 3LW, UK
UKHW020248220726
13923UKWH00002B/867